无损检测

马占生　编著

西南交通大学出版社
·成　都·

图书在版编目（CIP）数据
无损检测 / 马占生编著. -- 成都 ：西南交通大学出版社，2024. 8. -- ISBN 978-7-5774-0067-9
Ⅰ. TG115.28
中国国家版本馆 CIP 数据核字第 2024XF8988 号

Wusun Jiance
无损检测

马占生 / **编著**

策划编辑 / 何明飞
责任编辑 / 张　波
封面设计 / 吴　兵

西南交通大学出版社出版发行
（四川省成都市金牛区二环路北一段 111 号西南交通大学创新大厦 21 楼　610031）
营销部电话：028-87600564　　028-87600533
网址：http://www.xnjdcbs.com
印刷：四川森林印务有限责任公司

成品尺寸　185 mm × 260 mm
印张　11　　字数　279 千
版次　2024 年 8 月第 1 版　　印次　2024 年 8 月第 1 次

书号　ISBN 978-7-5774-0067-9
定价　32.00 元

课件咨询电话：028-81435775

前　言

在科学技术日新月异的今天，无损检测技术作为保障工程结构完整性与安全性的重要手段，其地位日益凸显。从航空航天到海洋工程，从石油化工到交通运输，乃至日常生活中的基础设施维护与检测，无损检测技术以其独特的非破坏性、高效性、精准性，成为了现代工业不可或缺的一部分。

本书集合了超声检测、磁粉检测、渗透检测及涡流检测四大主流无损检测技术的精华，由湖南高速铁路职业技术学院马占生担任主编并进行统稿。其中，马占生负责超声检测，李璐负责磁粉检测，赵长波负责渗透检测，郭庆负责涡流检测。本教材旨在为读者提供一套全面、系统、实用的学习指南。

本书结构严谨，内容翔实，既注重理论知识的系统阐述，又强调实践操作的指导。本教材适合作为高等院校及高职院校无损检测相关专业的教材，也可供从事无损检测工作的技术人员、研究人员参考使用。

由于编者水平有限，再加上时间仓促，书中难免有疏漏、不妥之处，请广大读者批评指正。

作　者

2024 年 7 月

目　录

项目一　超声检测

一、项目描述

本项目主要介绍超声波的相关知识，通过对本项目的学习，学生应基本掌握超声波的相关知识，并通过相应的实验，使理论和实践结合在一起，以利于后期知识的学习。

二、教学目标

1. 知识目标

（1）掌握超声波定义、产生及分类。
（2）掌握超声波基础参数和特征参数。
（3）掌握超声场结构和超声波传播特性。
（4）掌握垂直/斜入射异质界面的反射与折射。
（5）掌握超声波声压公式。

2. 能力目标

（1）能标定探头延时、前沿和 *K* 值。
（2）能区分不同种类的波形并能测定横波和纵波声速。
（3）能描述超声场的结构并测定出声轴偏斜角。
（4）能识别临界角内不同波形并能完成探头保护靴耦合剂的施加。
（5）能制作焊缝 DAC 曲线。
（6）具备直探头和斜探头探伤能力及撰写实训报告的能力。

3. 素质目标

（1）具有吃苦耐劳的精神。
（2）具备团队协作的精神。
（3）具备求真、求是的职业精神。
（4）具备节能环保的意识。

任务一　超声波探伤技术检测工件

超声波探伤技术检测工件任务单	
任务描述	“小卫士团队”接到一项任务，A 单位怀疑一批工件内部存在伤损，需要进行超声波探伤，并出具检测报告
任务知识点与技能点	知识点：超声波探伤的原理及优缺点。 技能点：规范检测工件（主要利用 A 显探伤）及出具报告
任务实施	1. 观看《利用超声波探伤技术检测工件》《超声原理动画》《始波的解读》3 段理论知识视频，掌握探伤原理及方法； 2. 观看《直探头 A 显探伤》《斜探头 A 显探伤》实作视频演示，掌握探伤流程及技巧； 3. 在钢轨探伤基地，对工件进行检测，分组研讨，出具检测报告，由老师复核并签署意见
评分标准	1. 团队合作等职业素养 30 分； 2. 知识掌握情况 20 分； 3. 设备使用及伤损检测 40 分； 4. 检测报告 10 分
本任务职业素养要求	使命担当（争做一名医术精湛的“钢轨医生”倡议）

一、理论部分

超声波探伤（Ultrasonic Testing，UT）：利用超声能透入被检工件，遇到缺陷或工件轮廓时就分别发生反射，在荧光屏上形成脉冲波形和图像，根据这些脉冲波形或图像可以判断缺陷位置和大小。超声波探伤根据探头扫查方式及屏幕显示方式的不同，常分为 A 型显示、B 型显示、C 型扫查、S 型扫查（扇形扫查）等类型。

利用超声波探伤技术检测工件（课件）

利用超声波探伤技术检测工件（微课）

1. A 型显示

A 型显示是以水平基线（X 轴）表示超声波传播的距离或时间，用垂直于基线的纵线（Y 轴）表示超声波反射幅度的一种信号显示方式。它可以根据缺陷回波在荧光屏水平基线上的位置来确定缺陷深度，用回波幅度的高低来衡量缺陷大小。

直探头 A 型显示探伤原理：

（1）接通直探头和仪器，开机后屏幕左侧产生始波（T）。将探头放置在工件表面，超声波垂直进入到工件内部，如果传播过程中没有遇到任何缺陷，超声波会打到底面，超声波按照原路返回，被探头所接收到。探头将超声波转变成电信号传给仪器，显示屏上产生底波（B），如图 1.1.1 所示。显示屏上横轴代表超声波传播时间或者距离，所以始波和底波之间的间距即为工件的高度。

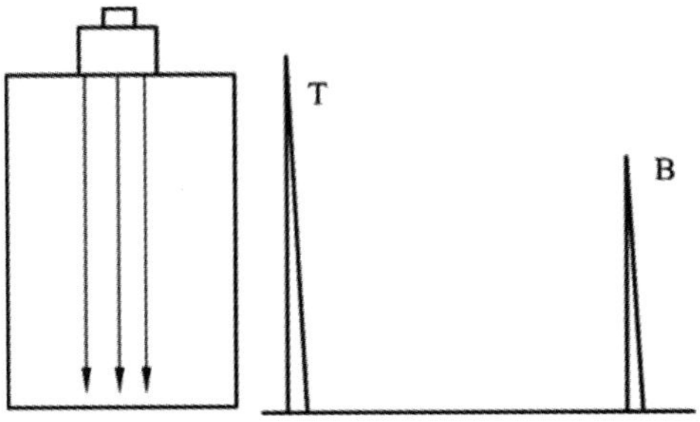

图 1.1.1　直探头无伤时波形图

（2）当超声波进入到工件内部，传播过程中遇到小的水平缺陷，超声波一部分打到缺陷，一部分打到底面，这两部分超声波均按照原路返回，被探头所接收到。探头将传递两个电信号给仪器，显示屏上除了产生底波（B）还会产生伤波（F），不过因为打到底面的能量减少，所以底波高度降低，如图 1.1.2 所示，可以通过伤波在水平轴上的位置知道伤损的深度。

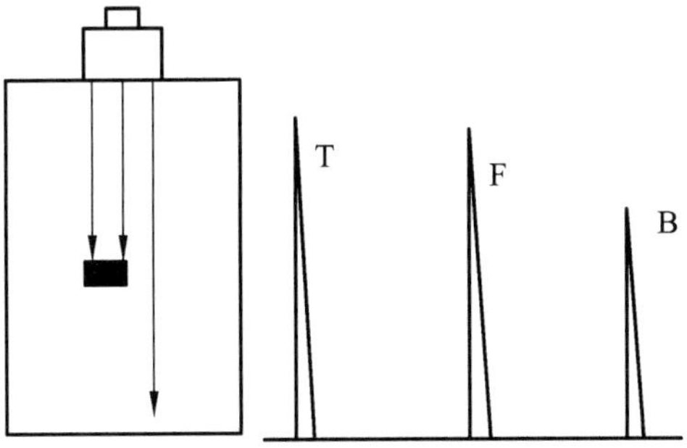

图 1.1.2　直探头有小伤时波形图

（3）当超声波进入到工件内部，传播过程中遇到大的水平缺陷，超声波全部打到缺陷，并按照原路返回，被探头所接收到。探头将传递信号传给仪器，显示屏上只产生伤波（F），底波消失，如图 1.1.3 所示。

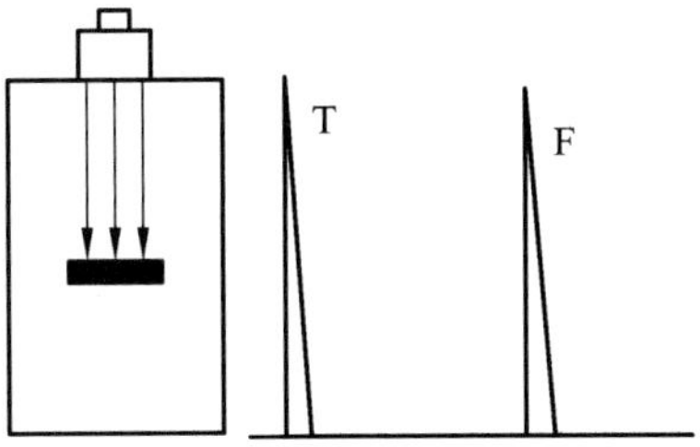

图 1.1.3　直探头有大伤时波形图

斜探头 A 型显示探伤原理：

（1）接通斜探头和仪器，开机后屏幕左侧产生始波（T）。将探头放置在工件表面，超声波倾斜进入到工件内部，传播过程中没有遇到任何缺陷，超声波会打到底面并向另外一个方向反射，不会产生底波，如图 1.1.4 所示。

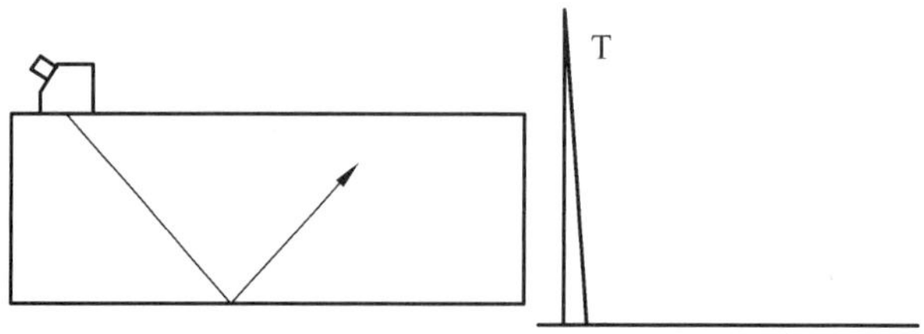

图 1.1.4　斜探头无伤时波形图

（2）超声波倾斜进入到工件内部，传播过程中遇到与超声波一次波大体垂直的缺陷时，超声波会按照原路返回被探头接收到。探头将超声波转变成电信号传给仪器，显示屏上产生伤波，如图 1.1.5 所示。

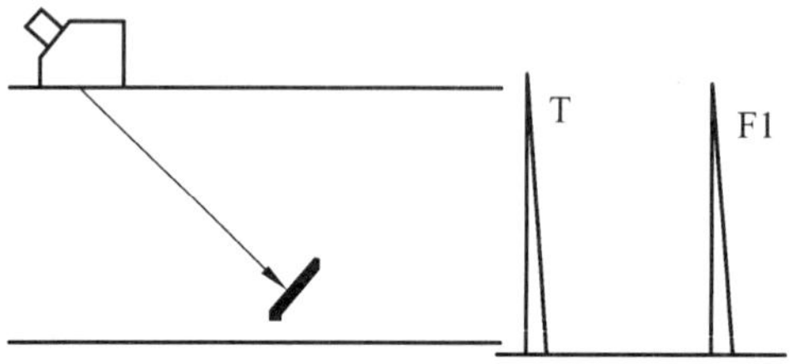

图 1.1.5　斜探头一次波发现伤损

（3）超声波倾斜进入到工件内部，传播过程中遇到与超声波二次波大体垂直的缺陷时，超声波会按照原路返回，显示屏上产生伤波。此时，伤波在水平方向位置更靠后，如图 1.1.6 所示。

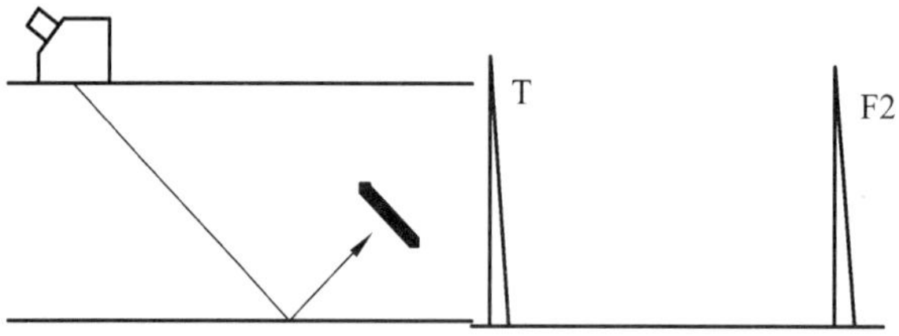

图 1.1.6　斜探头二次波发现伤损

2. B 型显示

B 型显示是以显示被检工件的纵断面图像，指示反射体的大致尺寸及其相对位置的超声信息显示方法（见图 1.1.7）。荧光屏上横坐标表示探头移动距离，纵坐标表示声波传播距离或时间，显示图形随探头的移动和回波时间而变化，可直观了解探头移动下方的缺陷分布和离探测面深度。

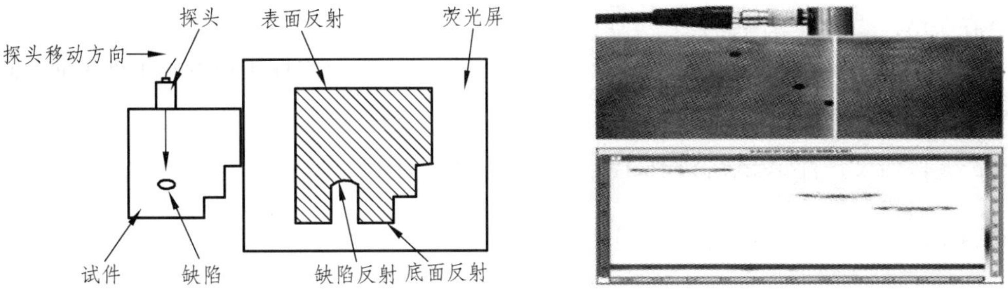

图 1.1.7　B 型显示

3. 超声波探伤的优、缺点

（1）超声波探伤的优点。

① 指向性好：超声波频率高、波长短，在无损探伤中使用的波长为毫米级；超声波像光波一样具有良好的方向性，可以定向发射，易于在被检材料中发现缺陷。

② 穿透力强：由于能量（声强）与频率平方成正比，因此超声波的能量远大于一般声波的能量，在大多数介质中传播时能量损失小，在一些金属材料中传播时，其穿透能力可达数米。

③ 灵敏度高：当存在于钢中的空气分层（裂纹）厚度为 10^{-6} mm 时，反射率可超过 21%；当分层厚度在 10^{-5} mm 以上时，反射率可超过 94%。

④ 适用面广：可用于金属、非金属、复合材料等多种材料制件的检测；采用多种波形以及各种探头做不同方向的探测，能探出工件内部和表面各种取向的缺陷。

⑤ 高效低价：检测速度快，在较短的时间内就可完成对工件的检测，仅耗损少量电能和耦合剂。

（2）超声波探伤的缺点。

① 检测结果受人为影响：对试件中缺陷的发现与评价，主要取决于探伤人员对仪器的调节和判断。

② 探测面状态影响检测：探测表面要求制备，不良的探测面影响伤损检测灵敏度。

③ 工件状态影响检测结果：工件形状过于复杂，材料晶粒和组织不均匀对探伤结果均有一定的影响。

④ 定量精度差：探测出缺陷的当量或延伸度与实际缺陷大小均有一定的误差。

B 超医生： 超声波 B 型显示，也可简称为 B 超，医院的医生利用 B 超来检测人体，我们则将其用来检测构件，所以我们也是 B 超医生！

二、实训部分

检测一　直探头及斜探头探伤

1. 检测目的

“小卫士团队”接到一项任务，A 单位怀疑一批工件内部存在伤损，需要进行直探头及斜探头超声波探伤，并出具检测报告。

2. 检测设备及备品

超声波探伤仪、直探头、待检样品、机油、压块、毛刷、扁铲、钢丝刷等。

3. 检验方法及步骤

（1）工件表面处理。

工件表面不应存在焊接飞溅、划痕、锈蚀、焊渣、油漆等，若存在应使用钢丝刷、扁铲等进行打磨、铲除，清理干净后在其顶部涂抹机油。

（2）设备的调试。

由教师与学生共同完成设备的校准和调试。

（3）探伤。

学生推动探头向前，一边推动探头一边观察屏幕，通过调整闸门控件对伤损进行定位，并进行 B 超复查。

（4）整理实训设备，完成检测报告。

【二维码视频】

超声原理

始波的解读

直探头 A 显探伤

斜探头 A 显探伤

直探头 B 显探伤

【本节附加说明】

1. 本节主要由湖南高速铁路职业技术学院马占生负责编写。

2. 本节视频由湖南高速铁路职业技术学院马占生、郭庆、王缘，广州局惠州工务段郑力尉联合录制。

超声波探伤检测工件报告

试件名称：		试件编号：	
材　　质：		主要尺寸：	
表面状态：		检测程度 / 区域：	
仪器型号 / 编号：		探头规格 / 编号：	
耦 合 剂：		表面补偿：	

序号	单位/mm			指示长度 L/mm	最大回波高度/dB
	水平偏离	横向偏离	高度		

缺欠示意图：

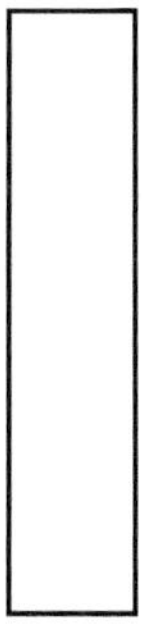

检验地点：		检验日期：		检验人员签章：	

任务二　超声波探头延时、前沿和 K 值的标定

超声波的定义和产生及探头延时、前沿和 K 值的标定任务单	
任务描述	最新采购了一批探头，需要对探头延时、前沿和 K 值等关键性指标进行验收，并给出检验报告
任务知识点与技能点	知识点：超声波的定义；压电效应；探头的构造及命名规则。 技能点：直探头延时测定；斜探头延时、前沿和 K 值测定
任务实施	1. 观看《超声波的定义和产生》《超声波和超声波探头》理论知识视频，掌握超声波基础知识及探头相关知识； 2. 观看《直探头延时测定》《斜探头延时及前沿的标定》《斜探头 K 值的测定方法》3 段实作视频，掌握探伤流程及技巧； 3. 在钢轨探伤基地，对探头进行验收，并出具验收报告，由老师复核并签署意见
评分标准	1. 团队合作等职业素养 30 分； 2. 知识掌握情况 20 分； 3. 延时、前沿、K 值标定技能掌握情况 40 分； 4. 检验报告 10 分
本任务职业素养要求	精益求精（引入现场定位“不精准”的故事）

一、理论部分

1. 超声波的定义

波，依据其性质可分为电磁波和机械波两大类（见表 1.2.1）。

表 1.2.1　波的分类

类型	传播条件	传播能量	传播速度	实例
电磁波	真空、介质	电磁能	约 3×10^{8} m/s	无线电波（见图 1.2.1）、光波、X 射线等
机械波	介质	机械能	几百至几千米每秒	水波、地震波、声波（见图 1.2.2）

超声波的定义和产生　　　　超声波和超声波探头

机械振动在介质中的传播称为机械波。机械波形成条件：波源和介质。波源也称振源，是指能发出能量的物体，介质是指机械波借以传播的物质。仅有波源而没有介质时，机械波不会

产生，如真空中的闹钟无法发出声音。人们日常所听到的声波，是由于各种声源（如演奏小提琴时，声源即为被擦动的那根弦）的振动通过空气等弹性介质传播到耳膜引起的耳膜振动，牵动听觉神经，产生听觉，所以声波是机械波的一种。

图 1.2.1　无线电波

图 1.2.2　声波

声波按频率分为次声波、可闻声波和超声波，见表 1.2.2。

表 1.2.2　声波的分类

类　型	次声波	可闻声波	超声波
频　率	$f < 20$ Hz	20 Hz $\leqslant f \leqslant$ 20 kHz	$f > 20$ kHz

注：1 MHz = 10^3 kHz = 10^6 Hz。

频率小于 20 Hz（赫兹）的声波叫作次声波。次声波的波长往往很长，能绕开某些大型障碍物发生衍射。次声波不容易衰减，某些次声波能绕地球 2 至 3 周。次声波如果和周围物体发生共振，能放出相当大的能量，如 4~8 Hz 的次声波能在人的腹腔里产生共振，可使心脏出现强烈共振和肺壁受损。在自然界（火山爆发、海啸、地震等）和日常生活（轮船航行、汽车奔驰、大桥摇晃、鼓风机/搅拌机运行等）中都可能伴有次声波的发生，只不过其频率不在人耳可闻范围内，人类无法感知，但是在动物界中大象用脚就能发送和接收次声波（见图 1.2.3）。

频率在 20~20 kHz，响度在 0~110 dB 的声波，正常人都能听得到，这样的声音称为可闻声波。

频率高于 20 kHz（千赫兹）的声波即为超声波，超声波的频率超过了人耳可闻的上限，所以人听不到超声波，但是动物界中蝙蝠和海豚却可以发送和接收超声波（见图 1.2.4）。超声波的频率高、能量集中。在中国北方干燥的冬季，如果把超声波通入水罐中，剧烈的振动会使水破碎成许多小雾滴，再用小风扇把雾滴吹入室内，就可以增加室内空气湿度，这就是超声波加湿器的原理。超声波指向性好，穿透能力强，所以铁路部门将其作为检测钢轨的主要手段。

图 1.2.3　大象—次声波

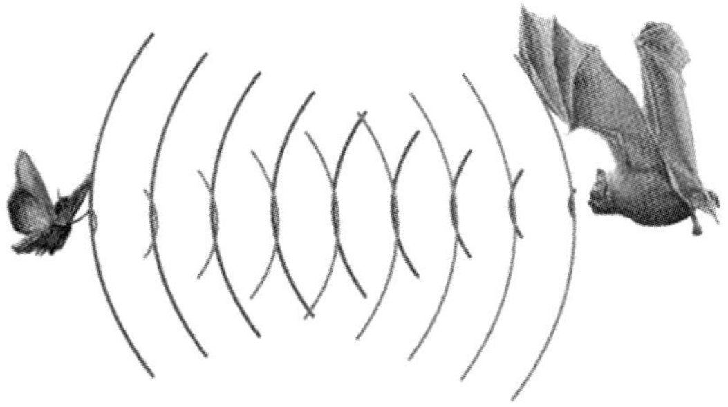

图 1.2.4　蝙蝠—超声波

2. 压电效应

超声波的获得是利用某些物质特定的物理效应来实现的。自然界中，在一定条件下，可以把一种形式的能量转换成另一种形式的能量。因此，原则上凡是能将其他形式能量转换成超声振动方式的能量都可以用来发生超声波。例如，利用机械冲击和摩擦产生超声波的机械方法；利用物体表面突然受热时，由于热膨胀产生机械应力而发生超声波的热效应法；利用铁磁材料在交变磁场中产生交变机械变形而产生超声波的磁致伸缩法；利用通有交变电流的线圈靠近导体，用电磁力作用于工件表面而产生超声波的电磁声法等。在超声探伤中应用最多的是利用某些单晶体或多晶陶瓷声电、电声转换效应——压电效应来获得超声波，包括正压电效应和逆压电效应。

正压电效应（见图 1.2.5）：当晶体受到某固定方向外力的作用时会发生形变，晶体的两个受力面上会产生符号相反的电荷；形变方向相反时，电荷的极性也随之改变；当外力撤去后，晶体又恢复到不带电的状态。这种现象称之为正压电效应，此过程可以理解为晶体材料接收到超声波的压力（机械能）将其转化为电信号（电能），是接收超声波的过程。

逆压电效应（见图 1.2.6）：当在压电材料表面施加电场（电压），因电场作用压电材料会沿电场方向伸长或收缩，这种现象称为“逆压电效应”。该过程可以理解为晶体材料受到电流激发而机械振动，振动的频率大于 20 kHz，是发送超声波的过程，是电能转化为机械能的过程。

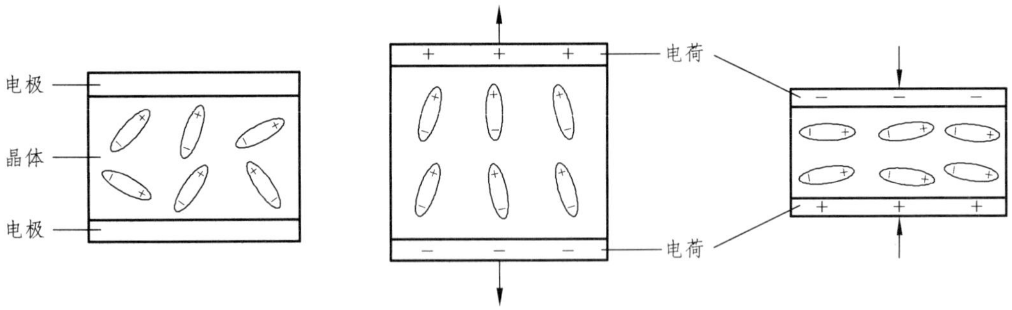

（a）未施加压力时　　（b）向外拉伸晶体　　（c）向内压缩晶体

图 1.2.5　正压电效应

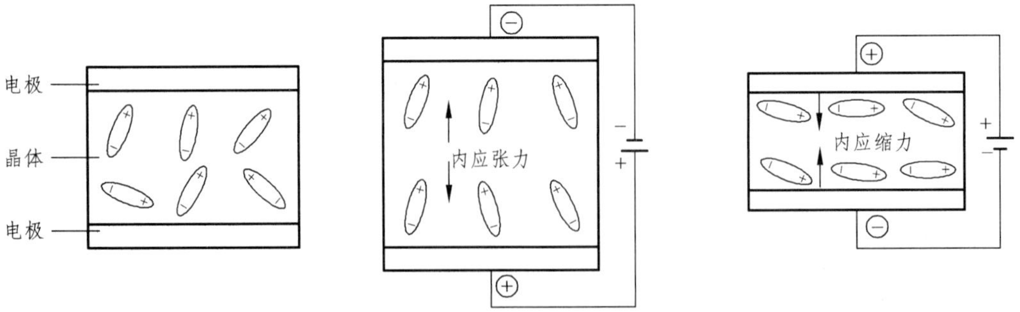

（a）未施加电场时　　（b）施加正向电场　　（c）施加反向电场

图 1.2.6　逆压电效应

具有压电效应的晶体材料分为单晶材料和多晶材料（陶瓷材料）。

（1）单晶材料。

① 石英（SiO_2），是天然或人工制作的单晶材料，也是最早用于制作探头的压电材料，其具有电性能和机械性能稳定的特点，适用于制成高温、高频探头。其缺点是电声转换率差，灵敏度较低，因而逐渐被其他晶体材料所取代。

② 硫酸锂（Li_2SO_4）和碘酸锂（$LiIO_3$），是人工培养的单晶，其接收灵敏度高，声阻抗较低，易于阻尼，适用于制成水浸探头，但其易溶于水，所以制作水浸探头时，要注意密封。其适用于窄脉冲探头，分辨力高。

③ 铌酸锂（$LiNbO_3$），是人工培养的单晶，适用于制作高频、高压、高温的探头。

以上单晶材料除石英外，其他材料制造工艺复杂、成本较高。

（2）多晶材料（陶瓷材料）。

① 钛酸钡（$BaTiO_3$），是最早用于制作探头的压电陶瓷，发射超声性能较好，接收超声性能一般，但是声阻抗大，不易于阻尼吸收，分辨力差，所以应用日趋减少。

② 锆钛酸铅（$PbZrTiO_3$，缩写为 PZT），具有较高的灵敏度，已基本取代了钛酸钡材料，通用探伤仪配备的探头一般用此材料制成，不过其易于产生不需要的振动，故需高效的阻尼块，不宜制作高频探头。

③ 钛酸铅（$PbTiO_3$），是一种新型的多晶材料，机械强度好，性能稳定，适用于制作高频探头，钢轨探伤小车中的探头一般用此材料制成，不过制作工艺难以控制，成本高。

④ 偏铌酸铅（$PbNb_2O_4$），也是一种新型陶瓷材料，适用于制作高温、高频、高分辨力探头。

陶瓷材料是晶粒随机取向的多晶聚集体，因此其中各个铁电晶粒的自发极化矢量也是混乱取向的（见图 1.2.7），只有把它放在较强的外加电场进行极化处理后（见图 1.2.8），才具有压电性，当温度达到居里点或者施以强烈打击时，压电性消失。

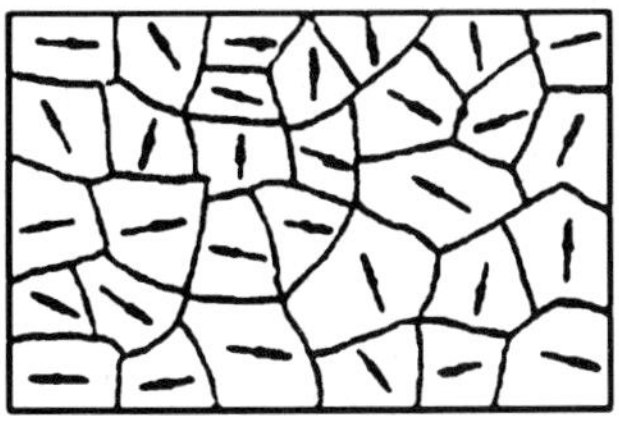

图 1.2.7　极化前

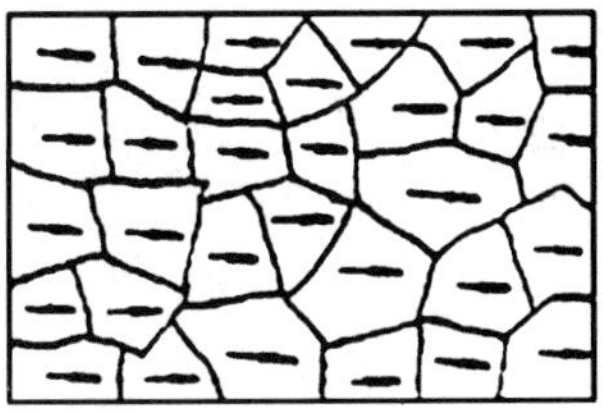

图 1.2.8　极化后

当施加的电场方向与极化方向平行时，陶瓷向外发送纵波（超声波的一种），如图 1.2.9 所示；当施加的电场方向与极化方向垂直时，陶瓷向外发送横波（超声波的一种），如图 1.2.10 所示。

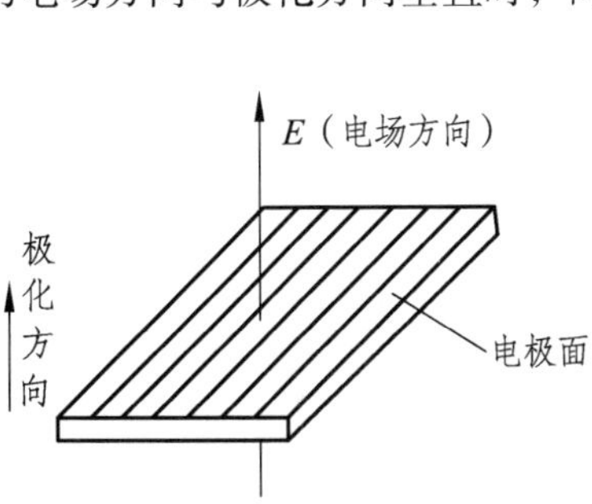

图 1.2.9　发送纵波

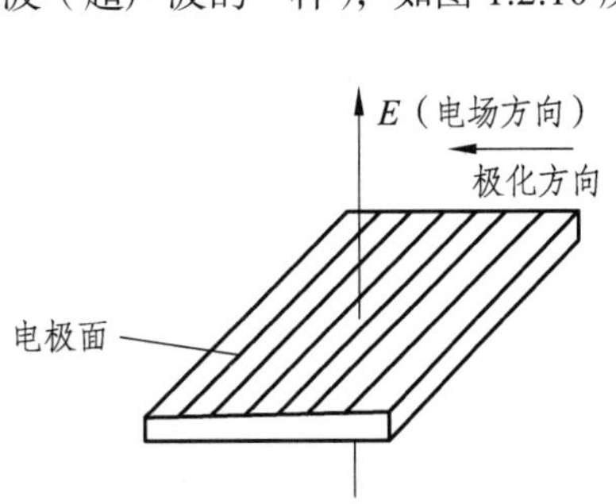

图 1.2.10　发送横波

1880 年，法国科学家 P. 居里和他的兄弟 J. 居里观察到在向石英晶体上施加压力时，在两者之间出现一个电势，这个电势直接随压力变化而变化。兄弟两人引用“压”的希腊字给这种现象起名叫压电现象。反过来，如果给这样的晶体通过一个迅速变化的电势，晶体面就能迅速振动。用这种方法就能让晶体发出波的频率高到超出听觉的范围，即发出超声波。

3. 压电晶片

具有压电效应的晶体称为压电晶体，为了便于生产，压电晶体一般被切割和研磨成小的薄片，称为压电晶片。常见的压电陶瓷片大多做成很薄的薄片，它的一面烧结在具有良好弹性的薄黄铜（或不锈钢）基片上，另一面镀上一层薄银。金属基片和镀银层即为压电陶瓷片的两个电极。

压电晶片（见图 1.2.11）的振动频率 f 即探头的工作频率取决于晶片厚度（T）和超声波在晶片材料中的传播速度（c）。晶片厚度 T 为其传播波长一半时，外加的交变电压的频率与晶片的固有频率一致，此时产生共振，晶片的中心为共振的驻点，晶片厚度方向的两个面振幅最大，产生的超声波最强（见图 1.2.12），即

$$f = \frac{c}{2T}$$

从上式可知，频率越高、晶片越薄，制作越困难，且 c 小的晶片材料不宜用于制作高频探头。

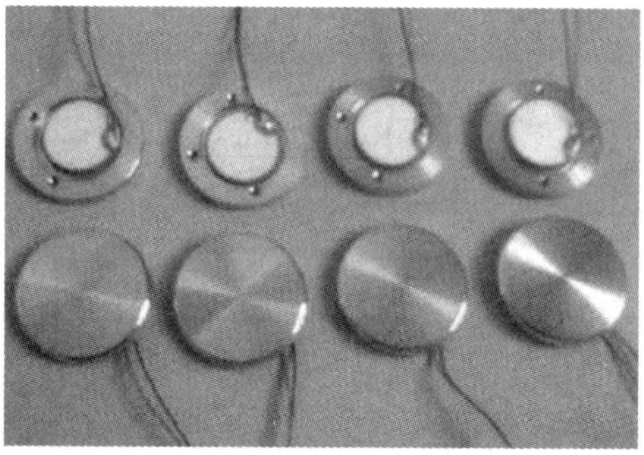

图 1.2.11　压电晶片

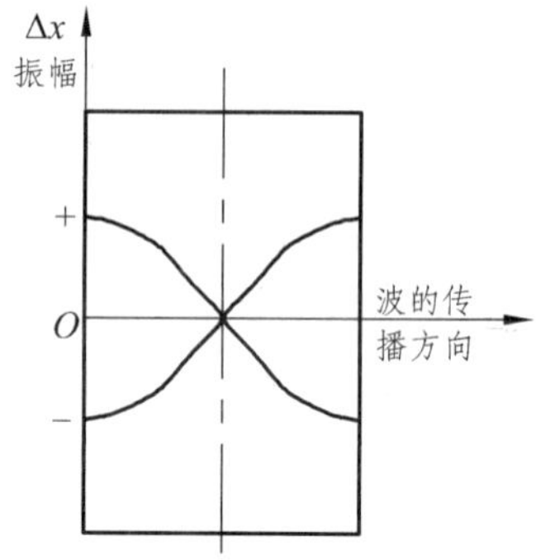

图 1.2.12　晶片共振示意图

压电晶片性能参数主要包括压电应变常数 d_{33}、压电电压常数 g_{33}、介电常数 ε、机电耦合系数 K、机械品质因子 θ_m、频率常数 N_t、居里温度 T_c。

压电应变常数 d_{33} 是衡量压电晶体材料发射性能的重要参数。其值大，发射性能好，发射灵敏度越高，所以一般要求晶片的 d_{33} 值大些。

压电电压常数 g_{33} 是衡量压电晶体材料接收性能的重要参数。其值大，接收性能好，接收灵敏度高，所以一般要求晶片的 g_{33} 值大些。

介电常数 ε 越大，电容器所存储的电量就越多，电容器充放电时间长，频率就相应低。

机电耦合系数 K 是综合反映压电材料性能的参数，探头晶片振动时，同时产生厚度方向和径向两个方向的伸缩变形，因此机电耦合系数分为厚度方向 K_t 和径向 K_p。K_t 大，检测灵敏度高；

K_p大，低频谐振波增多，发射脉冲变宽，导致分辨率降低，盲区增大。一般选择机电耦合系数K_t较大，K_p小的晶片。

机械品质因子θ_m值对分辨力有较大的影响。机械品质因数越大，能量的损耗越小，晶片持续振动时间长，脉冲宽度大，分辨率低。一般选择θ_m值小的，以便获得较高的分辨率和较小的盲区。

压电片的厚度T与固有频率f的乘积是一个常数，这个常数叫作频率常数N_t。因此，同样的材料，制作高频探头时，晶片厚度较小；制作低频探头时，晶片厚度较大。常用晶片材料如PZT（锆钛酸铅）的N_t= 1 800 ~ 2 000 m/s、石英晶片的N_t = 2 850 m/s、钛酸钡晶片的N_t = 2 520 m/s、钛酸铅晶片的N_t= 2 120 m/s。

压电材料与磁性材料一样，其压电效应与温度有关。它只能在一定的温度范围内产生，超过一定温度，压电效应就会消失。使压电材料的压电效应消失的温度称为压电材料的居里温度，用T_c表示，一般要求居里温度适中。

4. 超声波探头结构构造

探头的主要由压电晶片、保护膜、阻尼块、斜楔块、延时块、隔声层、引线、外壳、接插口组成，如图 1.2.13 所示。

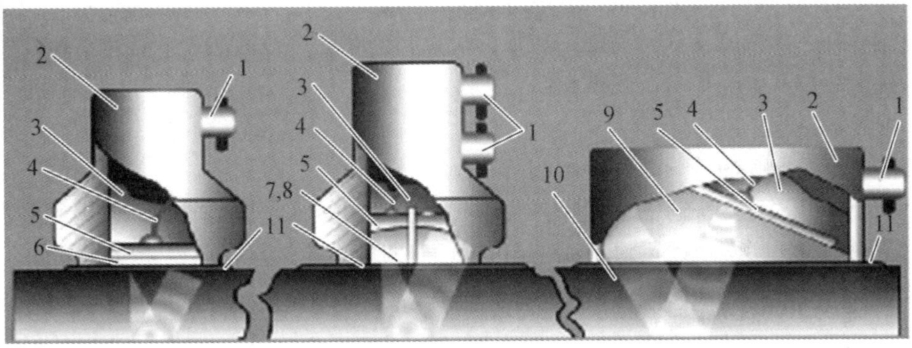

1—接插件；2—外壳；3—阻尼吸收块；4—引线；5—压电晶体；6—保护膜；
7—隔离层；8—延迟块；9—有机玻璃斜楔块；10—试件；11—耦合剂。

图 1.2.13　探头基本结构

（1）压电晶片。

压电晶片具有电能和声能相互转换的功能，将电能转变成声能（发射超声波）是逆压电效应作用，将声能转变成电能（接收超声波）是正压电效应作用，所以压电晶片又称换能器。前一小节已有完整的介绍，不再赘述。

（2）阻尼块。

为提高晶片发射效率，晶片厚度均应保证晶片能在共振状态下工作，但共振周期过长或晶片背面的振动干扰都会导致脉冲变宽、盲区增大。为此，在晶片背面充填吸收这类噪声能量的阻尼材料，使干扰声能迅速耗散，降低探头本身的杂乱的信号。目前，常用的阻尼材料为环氧树脂和钨粉，并按下列质量（g）比配制。钨粉：环氧树脂：二乙烯三胺：邻苯二甲酸二丁酯 = 35：10：10：1。也可在混合后加入少量硬橡胶粉，浇注在晶片背面，经一段时间固化后，钨粉在环氧树脂中的分布控制按越靠近晶片密度越大的原则，以利于阻尼块与晶片的声阻匹配，使晶片背面干扰声更有效地传入阻尼块中被吸收掉。

（3）保护膜。

为使探头与工件接触移动中不损坏晶片，常在晶片前面附一层保护膜。保护膜材料应耐磨、衰减小、厚度适当，保护膜有硬质保护膜（如烧结碳化钨、石英、氧化铝、陶瓷片、耐磨钢及其他金属等）和软质保护膜（如有机玻璃、聚氨酯薄膜、尼龙等）。

硬质保护膜虽耐磨但耦合条件要求高，透声性能差，它们适用于工件表面光洁度较高且平整的情况，用于粗糙表面时声能损耗达 20 ~ 30 dB。软质保护膜一般比硬质保护膜的透声性能高 3~5 倍，且具有较好的耦合条件，用于表面光洁度不高或有一定曲率的表面时，可改善声耦合，提高声能传递效率，且探伤结果的重复性较好，磨损后易于更换，它对声能的损耗达 6 ~ 7 dB，为此对探测面光洁度较差的工件多数使用软质保护膜。钢轨探伤小车使用的探头保护靴一般选用尼龙 1010 材料，其衰减系数为 5 dB/cm 左右，具有良好的透声性，但耐磨性不高，需要经常更换。

（4）斜楔块。

斜探头与直探头相比多了一块透声的斜楔块。斜楔块的作用是产生波形转换和改变声束传播方向，它可以将纵波转换成横波或表面波或板波，转换后的波形种类取决于斜楔块的倾角和组成界面（楔块和工件或耦合层）的两种介质声速。为降低斜楔内返回晶片的声能，常在斜楔块前端和上部制作成齿状的消声槽，以减少楔块内反射造成的杂波干扰。斜楔块常用材料是有机玻璃，它具有声学性能良好、易加工成形的优点，但它的声速随温度的变化有所改变又易磨损，所以探头的角度应经常进行测试和修正。

（5）延迟块。

为使超声波发射脉冲持续时间等影响落在延迟过程中，而附加在探头晶片前的透声材料称为延迟块，如双晶片直探头前的块状物体常用有机玻璃制作，它加工方便，透声效果较好。还可以根据探测的需要将两块延迟块制成一定的倾角，使声束能量集中在需要重点探测的区域内，如钢轨探伤中 37°探头和 0°探头的声束交区一般在声程 80~100 mm，这样有利于对螺孔裂纹进行探测。

（6）隔声层。

双晶片探头中为使接收晶片和发射晶片在声路上分割开来，在两片晶片之间夹一吸声性强的隔片，该隔片称为隔声层。隔声层常用软木制成，它具有价格便宜、隔声效果好的优点。如果隔声层隔声不良会产生信号泄漏现象，超声信号穿过预设隔声层，进入接收放大电路，会产生异常回波显示，干扰探伤回波的识别。

（7）接插口。

探头接插口用于与高频同轴电缆相连，多为 Q6 和 Q9 型号。

探头的使用注意事项：插拔探头均应在断电关机下进行，否则，会导致探头快速老化，甚至会因电流多次瞬间导通而烧坏探头内的线材和芯片等。

5. 探头种类及命名规则

（1）直探头（见图 1.2.14，主要用于纵波探伤）。

直探头命名：如 2.5P20，“2.5”表示基本频率为 2.5 MHz，“P”表示压电材料为锆钛酸铅陶瓷，“20”表示圆形压电晶片，直径为 20 mm。

特殊直探头命名：如 10N6，“10”表示基本频率为 10 MHz，“N”表示高阻尼窄脉冲探头，“6”表示圆形压电晶片，直径为 6 mm。

（2）斜探头（见图 1.2.15，主要用于横波探伤）。

斜探头命名：如 2.5B10 × 10K1，“2.5”表示基本频率为 2.5 MHz，“B”表示钛酸钡陶瓷，“10 × 10”表示方形压电晶片，边长 × 边长为 10 mm × 10 mm，“K1”表示斜探头 *K* 值等于 1（折射角的正切值）。

（3）双晶直探头（见图 1.2.16），两个晶片的探头，一发一收，也叫分割探头或双晶联合探头。

双晶直探头命名：如 2.5T20F10，“2.5”表示基本频率为 2.5 MHz，“T”表示压电材料为钛酸铅陶瓷，“20”表示圆形压电晶片，直径为 20 mm，“F10”表示聚焦焦距为 10 mm。

（4）双晶斜探头（见图 1.2.17），同双晶直探头。

双晶斜探头命名：2.5B10 × 10K1F20，“2.5”表示基本频率为 2.5 MHz，“B”表示钛酸钡陶瓷，“10 × 10”表示方形压电晶片，边长 × 边长为 10 mm × 10 mm，“K1”表示斜探头 *K* 值等于 1（折射角的正切值），“F20”表示聚焦焦距为 20 mm。

图 1.2.14　直探头

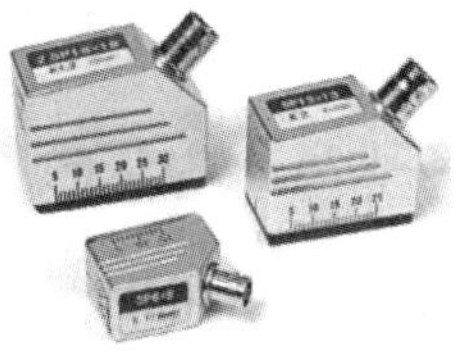

图 1.2.15　斜探头

图 1.2.16　双晶直探头

图 1.2.17　双晶斜探头

（5）表面波探头（见图 1.2.18），主要用于表面波探伤。

表面波探头命名：如 2.5P10 × 10　62°，“2.5”表示基本频率为 2.5 MHz，“P”表示压电材料为锆钛酸铅陶瓷，“10 × 10”表示方形压电晶片，边长 × 边长为 10 mm × 10 mm，“62°”表示有机玻璃内的入射角为 62°。

（6）不锈钢探头（见图 1.2.19），用于奥氏体不锈钢焊缝检测。

不锈钢探头命名：如 2.5C8 × 14 × 2-45°L-F16，“2.5”表示基本频率为 2.5 MHz，“C”表示压电复合陶瓷，“8 × 14 × 2”表示长方形压电晶片，长 × 宽为 8 mm × 14 mm，晶片数量为 2 块，“45°L”表示折射角为 45°，纵波探伤，“F16”表示聚焦焦距为 16 mm。

（7）水浸式探头（见图 1.2.20），主要用于半自动或者自动化探伤系统中。

（8）充水式探头（见图 1.2.21），主要由水套、探头芯和水嘴组成。

图 1.2.18　表面波探头

图 1.2.19　不锈钢探头

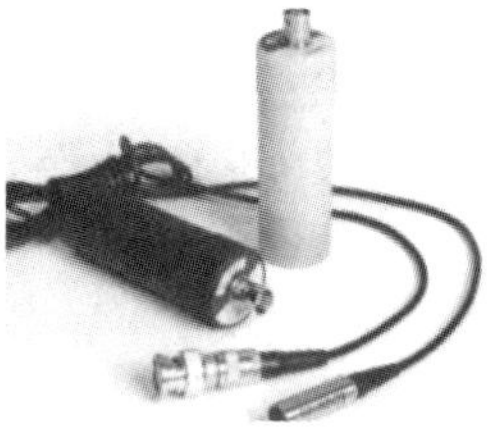

图 1.2.20　水浸式探头

图 1.2.21 充水式探头

（9）可变角探头（见图 1.2.22），可以调整入射角度从 0°变化到 90°，实现纵波、横波、表面波探伤。

可变角探头命名：如 2.5P10 × 10　0° ~ 90°，“2.5”表示基本频率为 2.5 MHz，“P”表示压电材料为锆钛酸铅陶瓷，“10 × 10”表示方形压电晶片，边长 × 边长为 10 mm × 10 mm，“0~90°”表示入射角可在 0°~90°变化。

（10）路轨仪探头（见图 1.2.23），主要用于钢轨探伤小车中，以折射角命名的有 0°、37°、70°，以入射角命名的 0°、30°、50°。

（11）相控阵探头（见图 1.2.24），主要用于相控阵探伤。

相控阵探头命名：2.5L32-0.5 × 9-C10-P-110-2.0-P2。其中，“2.5”表示基本频率为 2.5 MHz；“L”表示阵列类别，L 为线阵，M 为面阵，C 为凹阵，V 为凸阵；“32”表示阵元数量为 32 个，也有 8、16、64、128、256 之分；“0.5”表示阵元中心距离 0.5 mm；“9”表示阵元长度为 9 mm；“C”表示探头类别，C 为分体探头，A 为集成探头；“10”表示外壳型号；“P”表示电缆线外皮为 PVC，此处字符为 U 时表示外皮为 PU；“110”表示电缆线电容量 110~110 pF/m；“2.0”表示电缆线长度 2.0 m；“P2”表示连接器型号。

（12）TOFD 探头（见图 1.2.25），适合 TOFD 检测。

TOFD 探头命名：如 2.5B6-T1，“2.5”表示基本频率为 2.5 MHz，“B”表示钛酸钡陶瓷，“6”表示晶片直径为 10 mm，“T1”表示探头外壳型号。

图 1.2.22　可变角探头

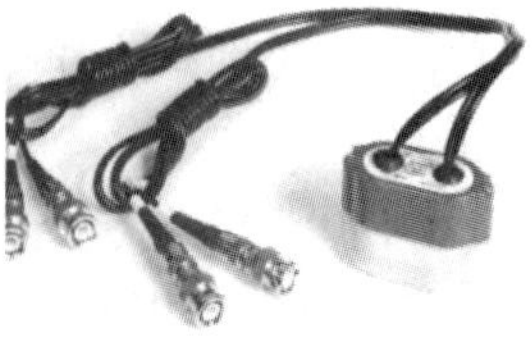

图 1.2.23　路轨仪探头

图 1.2.24　相控阵探头

图 1.2.25　TOFD 探头

（13）轮式探头（见图 1.2.26 和图 1.2.27），适用于大型钢轨探伤车和双轨探伤仪，包含外膜、耦合液、转轴和晶片。

图 1.2.26　轮式探头 1

图 1.2.27　轮式探头 2

小故事：某探伤工利用直探头对钢轨进行探伤的过程中，发现仪器屏幕中出现疑似波形，经过反复分析和研判，判断钢轨内部存在伤损。利用闸门罩住波形对伤损进行定位，深度数据显示是 90 mm，用弯轨器沿着 90 mm 处弯断钢轨发现伤损并不在此处，而是在其上方。事后进行分析，发现该探伤工在正式探伤前未对探头延时进行标定，导致伤损定位精度不准。希望同学们严格遵守探伤作业规范，做到精益求精、毫厘不差。

二、实训部分

检验一　直探头延时标定

1. 检验意义

本实训的目的是学会标定直探头的延时。探头发送的超声波穿过前面的保护膜所需的时间即为延时，延时不标定会影响伤损的定位精度。

2. 设备及备品

通用探伤仪、CSK-1A 试块、2.5Pϕ20 直探头、探头线、机油及小桶、毛刷、探头压块。

3. 检验方法及步骤

（1）由教师提前设置仪器菜单的相关参数，并将探头放在已涂油试块顶面，通过调整增益值出现一次底波，并将波高调至 50%~80%。

（2）按“标定”进入延时标定模式，检查参数：CSK-1A 试块、基准量 100 mm。

（3）用“闸门”罩住底波，按“确定”或者“测量”键，检测结果自动保存在仪器中，退出标定模式后，观察底波的深度是否为 100 mm。

（4）检验结束后，整理仪器设备，关闭电源，恢复实验前的状态，并填写检验报告。

检验二　斜探头延时及前沿的标定

1. 检验目的

斜探头的发送超声波穿过斜楔块（有机玻璃）所用的时间即为斜探头的延时，与直探头一样，延时会影响伤损定位的精度。斜探头的前沿是探头的入射点至探头前沿的距离，测定前沿值有利于对伤损的快速定位。

2. 检验设备及备品

通用探伤仪、CSK-1A 试块、斜探头、探头线、机油及小桶、毛刷、钢直尺。

3. 检验方法及步骤

（1）由教师与学生共同设置仪器菜单的相关参数，并将探头放在已涂油试块顶面，将探头对准 CSK-1A 试块的 $R100$ 曲面，适当调整范围和增益，使 $R100$ 回波有合适高度，探头声束轴线保持与试块侧面平行，前后移动探头，使回波最高，保持探头不动。

（2）按“标定”进入延时模式，检查参数：CSK-1A 试块、基准量 100 mm、速度为 3 230 m/s。

（3）用“闸门”罩住圆弧波，按“确定”或者“测量”键，检测结果自动保存在仪器中，退出标定模式后，观察圆弧波的声程是否为 100 mm。

（4）此时用直尺测探头前沿至 $R100$ 端点的距离 M，探头前沿 $L = 100-M$（mm），输入探头前沿值，完成。

（5）检验结束后，整理仪器设备，关闭电源，恢复实验前的状态，并填写检验报告。

检验三　斜探头 K 值的标定

1. 检验目的

因生产误差或探头磨耗均可造成探头的折 K 值（折射角正切值）偏离标称值，影响伤损定位精度，所以探头的实际 K 值应通过实验测出。

2. 检验设备及备品

通用探伤仪、CSK-1A 试块、斜探头、探头线、机油及小桶、毛刷。

3. 检验方法及步骤

（1）保留上一实训中延时、前沿的结果及仪器的状态。

（2）若探头 $K\leqslant 1.5$（见图 1.2.28），将探头放置于试块长 200 mm 的短边，若探头 $K\geqslant 1.5$（见图 1.2.29），将探头放置于试块长 300 mm 的长边，将探头对准 CSK-1A 试块的 ϕ50 孔，适当调整范围和增益，使 ϕ50 孔回波有合适高度，探头声束轴线保持与试块侧面平行，前后移动探头，使回波最高，保持探头不动。

（3）按“标定”进入 K 值标定模式，检查参数：圆孔直径 50 mm、圆孔深度 70 mm 或 30 mm、标称 K 值。

（4）调节闸门到 ϕ50 孔回波位置，按“确定”或者“测量”，仪器将自动计算并显示探头 K 值。

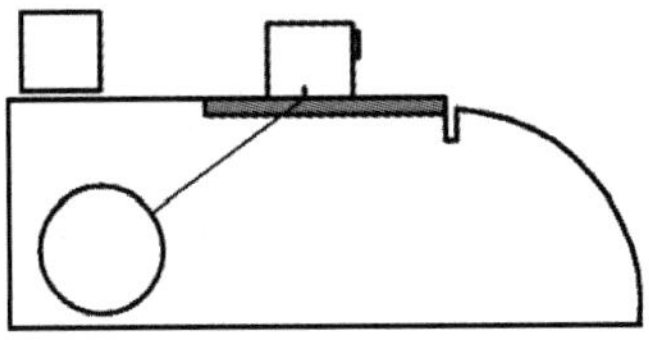

图 1.2.28 （$K\leqslant 1.5$）

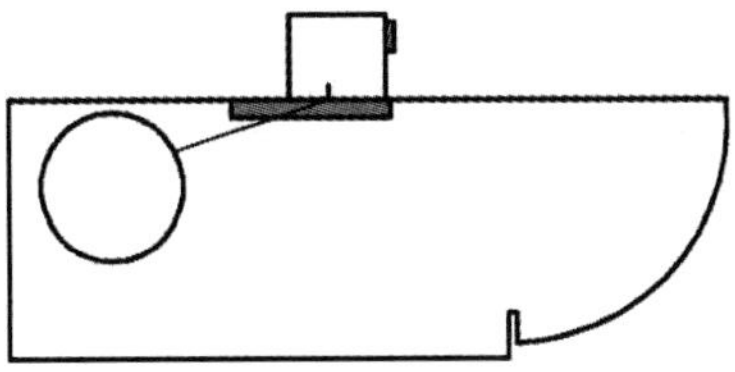

图 1.2.29 （$K\geqslant 1.5$）

（5）检验结束后，整理仪器设备，关闭电源，恢复实验前的状态，并填写检验报告。

【二维码视频】

斜探头延时及前沿的标定

斜探头 K 值的测定方法

【本节附加说明】

1. 本节主要由湖南高速铁路职业技术学院马占生负责编写。

2. 感谢广东汕头超声电子股份有限公司超声仪器分公司苏柔等提供宝贵资料和大力支持。

3. 本节视频由湖南高速铁路职业技术学院马占生、郭庆、刘含阳、邓羽凡、邓楚婕录制。

直探头延时、斜探头延时、前沿检验报告

<table>
<tr><td colspan="2">试块名称：</td><td colspan="2"></td><td colspan="1">仪器型号／编号：</td><td></td></tr>
<tr><td colspan="2">探头样品规格／编号：</td><td colspan="2"></td><td colspan="1">耦合剂：</td><td></td></tr>
<tr><td rowspan="2">序号</td><td colspan="3">斜探头</td><td colspan="2">直探头</td></tr>
<tr><td>延时</td><td>前沿</td><td>结论</td><td>延时</td><td>结论</td></tr>
<tr><td></td><td></td><td></td><td></td><td></td><td></td></tr>
<tr><td></td><td></td><td></td><td></td><td></td><td></td></tr>
<tr><td></td><td></td><td></td><td></td><td></td><td></td></tr>
<tr><td></td><td></td><td></td><td></td><td></td><td></td></tr>
<tr><td></td><td></td><td></td><td></td><td></td><td></td></tr>
<tr><td></td><td></td><td></td><td></td><td></td><td></td></tr>
<tr><td></td><td></td><td></td><td></td><td></td><td></td></tr>
<tr><td></td><td></td><td></td><td></td><td></td><td></td></tr>
<tr><td>检验地点：</td><td></td><td>检验日期：</td><td></td><td>检验人员签章：</td><td></td></tr>
</table>

任务三　识别不同种类的超声波

超声波分类及不同种类波形探伤任务单	
任务描述	探伤过程中，我们会利用纵波、横波、表面波等波形进行检测，本次任务为掌握不同波形探伤情形，并完成实训报告
任务知识点与技能点	知识点：按不同方式进行超声波的分类。 技能点：区分纵波、横波、表面波等在检测工件时的出波情况
任务实施	1. 观看《超声波的分类》理论知识视频，掌握超声波按不同方式分类的知识； 2. 观看《纵波、横波、表面波解析》实作视频，掌握不同波形出波情况； 3. 在钢轨探伤基地，利用可变角探头调整出不同种类波形对工件进行探测，分组讨论，总结出不同波形出波特点，并完成实训报告
评分标准	1. 团队合作等职业素养 30 分； 2. 知识掌握情况 20 分； 3. 对纵波、横波、表面波等检测工件出波情况的掌握情况 40 分； 4. 实训报告 10 分
本任务职业素养要求	科学严谨的工作态度（引入“科普拓展知识”）

一、理论部分

超声波的分类（课件）　　　　超声波的分类（微课）

超声波的分类方法很多，下面介绍几种常见的分类方法：

1. 按质点的振动方向分类

根据波动传播时介质质点（可以理解为介质中的分子）的振动方向与波的传播方向不同，可将超声波分为纵波、横波、表面波、板波等。

（1）纵波 L（见图 1.3.1）。

① 定义：介质中质点的振动方向与波的传播方向互相平行的波。

② 特点：当介质质点受到交变拉压应力（分子力）作用时，质点之间产生相应的伸缩形变，从而形成纵波。

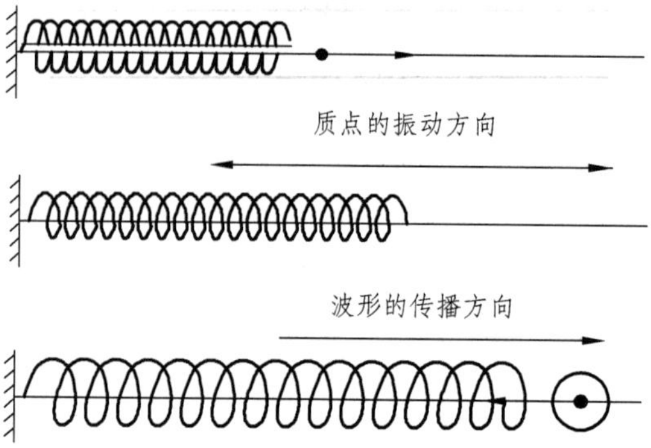

图 1.3.1　纵波示意图

③ 别名：传递纵波时介质质点疏密相间，故纵波又称为压缩波或疏密波。

④ 传播介质：固体、液体、气体介质（三种介质中均存在分子力）。

⑤ 应用：钢轨探伤中直探头或者 0°探头就是利用纵波在检测钢轨，如图 1.3.2 所示。

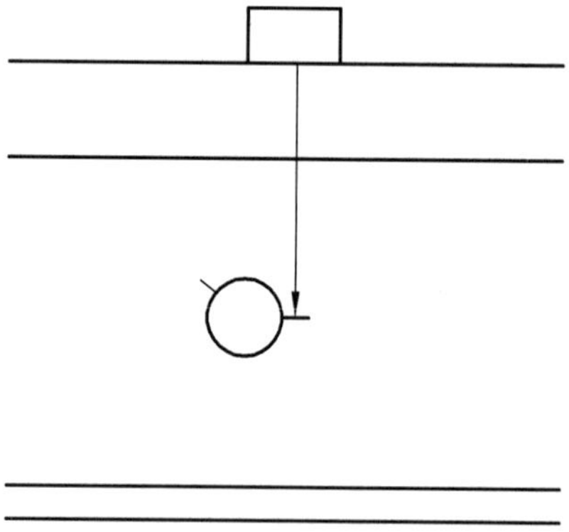

图 1.3.2　纵波钢轨探伤

（2）横波 S（T）（见图 1.3.3）。

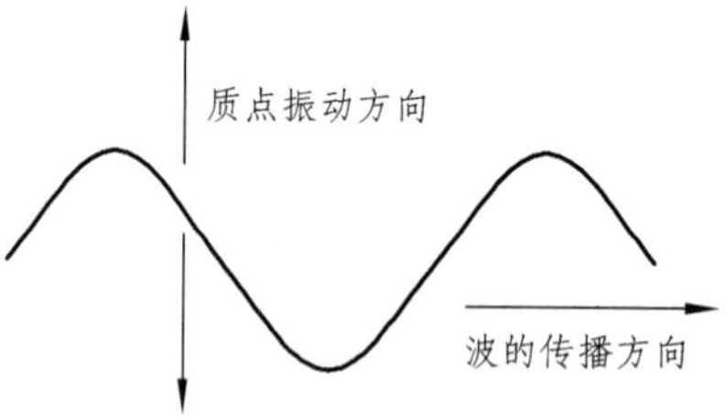

图 1.3.3　横波示意图

① 介质中质点的振动方向与波的传播方向互相垂直的波。

② 特点：当介质质点受到交变的剪切应力（剪切力）作用时，产生切变形变，从而形成横波。

③ 别名：传递横波时介质承受剪切力并产生切变变形，故横波又称为剪切波或切变波。

④ 传播介质：因液体和气体无法承受剪切力，所以横波只能在固体介质中传播。

⑤ 应用：钢轨探伤中斜探头或者 37°、70°探头就是利用横波在检测钢轨，如图 1.3.4 所示。

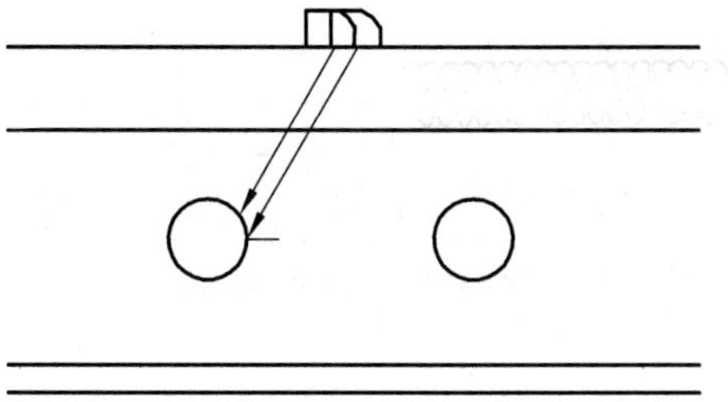

图 1.3.4　横波钢轨探伤

（3）表面波 R（见图 1.3.5 和图 1.3.6）。

① 定义：介质表面受到交变应力作用时，产生沿介质表面传播的波。

② 特点：表面波在介质表面传播时，介质表面质点做椭圆运动，椭圆长轴垂直于波的传播方向，短轴平行于波的传播方向。表面波的能量随传播深度增加而迅速减弱。当传播深度超过一倍波长时，波的能量降低到原来的 1/25，因此，一般认为，表面波探伤只能发现距工件表面一倍波长深度内的缺陷。

③ 别名：1887 年，瑞利（Rayleigh）首先发现其存在，所以表面波也叫瑞利波。

④ 传播介质：椭圆运动可视为纵向振动与横向振动的合成，即纵波与横波的合成，所以表面波只在固体表面传播。

⑤ 应用：钢轨探伤中 70°探头因声波的扩散性有时会分离出表面波在钢轨表面传播，如图 1.3.6 所示。

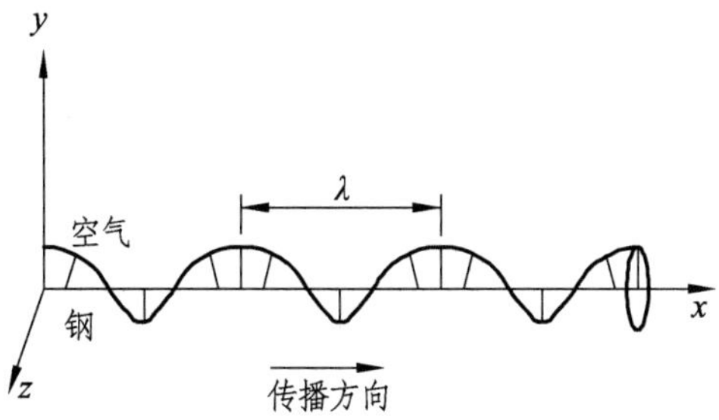

图 1.3.5　表面波示意图（一）

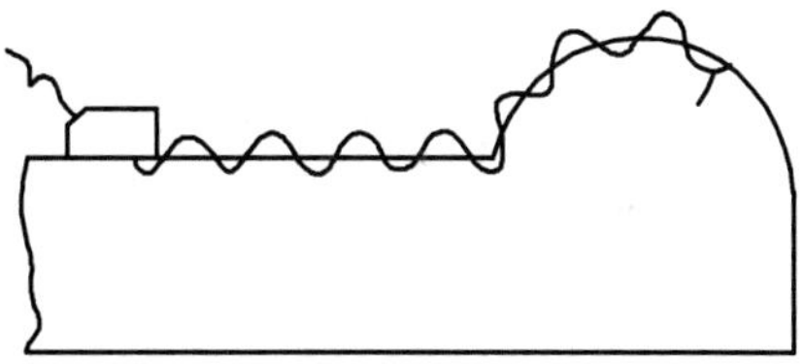

图 1.3.6　表面波示意图（二）

（4）板波 P。

板波又称兰姆波，当固体介质的尺寸进一步受到限制而形成板状，且板厚小到一定程度时，瑞利波就不会存在而只能产生各种类型的板波。在板厚与波长相当的薄板中传播的波，一般用于检测薄板材，在钢轨探伤中应用较少。

是非判断：

（1）介质中质点的振动方向与波的传播方向互相平行的波为横波。（　）

（2）横波可以在液体和气体介质中传播。（　）

（3）表面波也叫瑞利波。（　）

2. 按振动持续时间分类

根据波源振动持续时间的长短，超声波可分为连续波和脉冲波两种（见图 1.3.7）。其中连续波是指波源持续不断地振动所辐射的波，常用于穿透法探伤和共振法测厚。而脉冲波则指波源振动持续时间很短（微秒级，$1\ \mu s = 10^{-6} s$）、间歇辐射的波，超声波探伤中广泛采用的就是脉冲波。

（a）连续波　　（b）脉冲波

图 1.3.7　连续波与脉冲波

3. 按波的形状分类

波形是根据波阵面的形状来区分的，所谓波阵面，是指同一时刻介质中振动相位相同的所有质点连成的面。某一时刻波动所到达的空间各点所连成的面称为波前（波前是最前面的波阵面），任一时刻，波前只有一个。根据波阵面形状的不同，波又可以分为三种：平面波、柱面波和球面波（见图 1.3.8），它们的特性见表 1.3.1。而探伤用的超声波是一种活塞波，是平面波和球面波的合成。

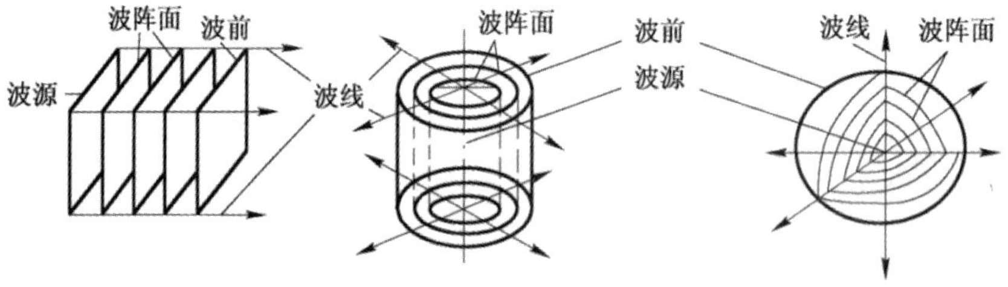

（a）平面波　　（b）柱面波　　（c）球面波

图 1.3.8　超声波波形

表 1.3.1　不同波形分类及特性

波　形	特　　性
平面波	1. 无限大平面（即波长与声源尺寸相比可忽略不计）做谐振动时，在各向同性的弹性介质中传播的波。 2. 如不考虑介质吸收波的能量，声压不随与声源的距离而变化
柱面波	1. 声源为一无限长的线状直柱，波阵面是同轴圆柱面。 2. 声强与距声源的距离成反比
球面波	1. 声源为点状球体，波阵面是以声源为中心的球面。 2. 声强与距声源距离的平方成反比

拓展知识：地震波按传播方式分为三种类型：纵波、横波和表面波。纵波是推进波，地壳中传播速度为 5.5 ~ 7 km/s，最先到达震中，又称 P 波，它使地面发生上下振动，破坏性较弱。横波是剪切波，在地壳中的传播速度为 3.2 ~ 4.0 km/s，第二个到达震中，又称 S 波，它使地面发生前后、左右抖动，破坏性较强。表面波又称 L 波，是由纵波与横波在地表相遇后激发产生的混合波，其波长长、振幅强，只能沿地表面传播，是造成建筑物强烈破坏的主要因素。由于纵波最先到达地面，若能通过仪器检测到纵波，发出地震预警，可以减少生命和财产的损失。

二、实训部分

识别不同种类波形探伤

1. 实训目的

分别利用纵波、横波、表面波来检测出伤损，加深对各种波形的认识。

2. 实训设备及备品

通用探伤仪、直探头、斜探头、可变角探头、WGT-3 试块、CSK-1A 试块、探头线、机油及小桶、毛刷。

3. 实训方法及步骤

（1）调节仪器，利用直探头发送纵波扫查 CSK-1A 试块。
（2）调节仪器，利用斜探头产生横波扫查 CSK-1A 试块。
（3）调节仪器，利用可变角探头产生表面波扫查 WGT-3 试块。

【二维码视频】

纵波、横波、表面波解析

【本节附加说明】

1. 本节主要由湖南高速铁路职业技术学院马占生负责编写。
2. 本节视频由湖南高速铁路职业技术学院马占生、郭庆录制。

固体介质中，纵波声速为

$$c_L = \sqrt{\frac{E(1-\sigma)}{\rho(1+\sigma)(1-2\sigma)}} \tag{1.4.1}$$

固体介质中，横波声速为

$$c_S = \sqrt{\frac{G}{\rho}} = \sqrt{\frac{E}{2\rho(1+\sigma)}} \tag{1.4.2}$$

固体介质中，表面波声速为

$$c_R = \frac{0.87+1.12\sigma}{(1+\sigma)}\sqrt{\frac{E}{2\rho(1+\sigma)}} \tag{1.4.3}$$

液体和气体中，纵波声速为

$$c = \sqrt{\frac{B}{\rho}} \tag{1.4.4}$$

式中 E——介质的杨氏弹性模量；

G——介质的剪切弹性模量，液体和气体的 $G=0$，所以无法传递横波；

B——体积弹性模量；

ρ——介质密度；

σ——介质的泊松比，所有固体介质的泊松比都在 0~1。

4. 波长、声速和频率之间的关系

$$\lambda = c \times T = c / f$$

例：用频率为 2.5 MHz 的 0°探头检测钢轨时，纵波在钢中的波长为多少？

解：纵波在钢中速度 c = 5.9 km/s

频率 f = 2.5 MHz

则 $$\lambda = c / f = \frac{5.9\ \text{km/s}}{2.5\ \text{MHz}} = 2.36\ \text{mm}$$

注：单位换算中，速度的常用单位除以频率的常用单位等于波长的常用单位。

$\lambda = c \times T = c / f$ 是超声波探伤基础里面最基础的公式，大家一定要记牢，以后用的地方会很多。

5. 总　结

（1）声速与介质的参数有关，这个参数包括了介质的密度、杨氏模量、泊松比、温度、压力、均匀性等，与波的频率无关。

（2）同一种波形（纵波）在不同介质中传播速度不同。超声波在固体中的传播速度（$c_{固}$）大于在液体中的传播速度（$c_{液}$），又大于在气体中的传播速度（$c_{气}$），即$c_{固} > c_{液} > c_{气}$，这是因为速度的大小与介质的弹性模量成正比和介质的密度成反比，介质的弹性模量越大，密度越小，则声速越大。

（3）同一介质不同波形中传播速度不同。纵波声速（c_L）大于横波声速（c_S），横波声速（c_S）又大于表面波声速（c_R），即 $c_L > c_S > c_R$，在钢中普通钢材的 $\sigma = 0.28$，故钢中三者遵循的比例关系大体为 $c_L : c_S : c_R = 1.82 : 1 : 0.9$。在地震发生过程中，既有纵波、横波又有表面波，且表面波对于建筑物的破坏力最大（质点做椭圆形运动，建筑物发生扭转和摇晃），因为表面波传递的速度小于纵波，所以先到达地面的波形为纵波，若能通过仪器检测到纵波，发出地震预警，可以减少人们生命和财产的损失。

（4）声速与介质的温度有关，且在气体中的声速受温度变化明显，液体次之，固体受影响最小。对气体来讲，随着温度的升高声速也跟着增大，空气中温度每升高 1 °C，声速增加 0.6 m/s；对液体来说，一般随着温度的升高，介质的体积弹性模量变小，所以声速降低，但是水是一个例外，当温度低于 74 °C 时，声速随着温度的升高而升高，当温度高于 74 °C 时，声速随着温度的升高而降低；对固体而言，声速随介质温度升高而降低，所以钢轨探伤中中午和早晚对同一个伤损进行定位，会有微小的误差。

（5）固体的应力状况对声速有一定影响，一般应力增加，声速增加，只不过增加缓慢。

（6）固体材料组织均匀性对声速的影响在铸铁中表面较为突出，铸铁表面冷却快、晶粒细、声速大，中心冷却慢、晶粒粗、声速小。

表 1.4.1 为探伤常用材料中的声速。

表 1.4.1　探伤常用材料的声速

材料	声速/（km/s）		材料	声速/（km/s）	
	纵波	横波		纵波	横波
铝	6.3	3.13	水	1.48	—
钢	5.9	3.23	空气	0.34	—
有机玻璃	2.73	1.43	机油	1.4	—

小故事：德国物理学家 H.赫兹（1857—1894 年）有两大发现：一是在实验上证实了麦克斯韦预言的电磁波；二是发现了光电效应。赫兹不仅是一个优秀的实验物理学家，而且有很好的理论素养。1894 年，赫兹因病去世，去世时还不到 37 岁，他的生命虽然短暂，但是创造的价值却是无限的。为了纪念赫兹，他的名字被作为频率单位的名称。

二、实训部分

实训一　纵波声速标定

1. 实训目的

纵波在钢中传播速度默认为 5 900 m/s，但由于钢材制造时晶粒不一定均匀，导致声速有偏差，声速的偏差会影响伤损的定位精度，所以要测声速的真实值。

2. 实训设备及备品

通用探伤仪、CSK-1A 试块、2.5P20 直探头、探头线、机油及小桶、毛刷、探头压块。

3. 实训方法及步骤

（1）请教师提前设置好仪器相应参数，并将探头放在已涂油试块顶面，通过调整增益值出现二次底波，控制两次底波高度均不超过 100%。

（2）按“标定”进入声速标定模式，检查参数：试块 CSK-1A、基准量 100 mm。

（3）按“闸门”键，调节闸门到一次回波位置，按“测起点”；调节闸门到二次回波位置，按“测终点”。此时出现标定结果，仪器将自动记录。

（4）实训结束后，整理仪器设备，关闭电源，恢复实验前的状态，并完成实训报告。

实训二　横波声速标定

1. 实训目的

横波在钢中传播速度默认为 3 230 m/s，但由于钢材制造时晶粒不一定均匀，导致声速有偏差，声速的偏差会影响伤损的定位精度，所以要测声速的真实值。

2. 实训设备及备品

通用探伤仪、CSK-1A 试块、2.5P13 × 13k1 斜探头、探头线、机油及小桶、毛刷。

3. 实训方法及步骤

（1）请教师提前设置好仪器相应参数，并将探头放在已涂油试块顶面，通过调整增益值出现 R100 圆弧波，再横向移动出现 R50 圆弧波，并使两者基本等高，但高度不要超过 100%。

（2）按“标定”进入声速标定模式，检查参数：试块 CSK-1A、基准量 50 mm。

（3）按“闸门”键，调节闸门到 100 圆弧回波位置，按“测起点”；调节闸门到 50 圆弧回波位置，按“测终点”。此时出现标定结果，仪器将自动记录。

（4）实训结束后，整理仪器设备，关闭电源，恢复实验前的状态，并完成实训报告。

【二维码视频】

纵波声速标定　　　　横波声速标定

【本节附加说明】

1. 本节主要由湖南高速铁路职业技术学院马占生负责编写。
2. 本节视频由湖南高速铁路职业技术学院马占生、郭庆、邓羽凡录制。

直探头纵波声速标定实训报告

1. 基本信息

日期：　　　年　　　月　　　日　　　　　天气：

班级：　　　　　　　　　　　　　　　　　姓名：

组别：　　　　　　　　　　　　　　　　　实训地点：

2. 实训的意义

3. 实训设备及备品

4. 实训步骤

5. 数据

6. 考核评价

斜探头横波声速标定实训报告

1. 基本信息

日期：　　　年　　月　　日　　　　　　天气：

班级：　　　　　　　　　　　　　　　　姓名：

组别：　　　　　　　　　　　　　　　　实训地点：

2. 实训的意义

3. 实训设备及备品

4. 实训步骤

5. 数据

6. 考核评价

任务五　6 dB 法进行伤损定量

超声波特征参数及 6 dB 法进行伤损定量任务单	
任务描述	A 工务段发现一处轨头伤损，两名探伤工在伤损定量上出现了分歧，需要借助院校力量给出定论，本次任务为 6 dB 法进行伤损定量，并给出判定依据
任务知识点与技能点	知识点：超声场的特征参数（声压、声强、声阻抗和分贝）。 技能点：利用 6 dB 法对伤损进行定量
任务实施	1. 观看《超声波的特征参数》理论视频，掌握超声场的特征参数知识； 2. 观看《对伤损进行定位》《6 dB 法对伤损进行定量》实作视频，掌握定量方法及技巧； 3. 在钢轨探伤基地，分组作业，调整仪器参数，利用 2.5P13*13K2.5 探头对伤损进行定量，记录数值，并完成实训报告，并由教师复核并签署意见
评分标准	1. 团队合作等职业素养 30 分； 2. 知识掌握情况 20 分； 3. 定量技能掌握情况 40 分； 4. 实训报告 10 分
本任务职业素养要求	精益求精（引入怀化工务段探伤职工成长历程小故事）

一、理论部分

超声波的特征参数（课件）

超声波的特征参数（微课）

描述超声场的特征参数主要有声压、声强、声阻抗和分贝。

1. 声　压

超声场中某一点某一瞬时所具有的压强（p_1）与该点没有超声波存在时的静态压强（p_0）之差称为该点的声压（p）。单位为帕斯卡（Pa，1 Pa = 1 N/m^2）。

$$p = \rho c u$$

式中　ρ——介质的密度；

c——超声波在该介质中传播的速度；

u——介质中质点振动的速度。

由于超声波的频率很高，远大于声波的频率，故超声波的声压也远大于声波的声压。探头接收到的超声波的声压越大，回波信号越好，仪器上产生的波高越高，若仪器的垂直线性良好，反射声压与回波高度之间成正比：

$$p_1 / p_2 = H_1 / H_2 \tag{1.5.1}$$

2. 声阻抗率

介质中某一点的声压与该点的振动速度之比称为声阻抗（Z），单位 kg/（m²· s）。数值上声阻抗等于介质密度（ρ）与声速（c）的乘积，即 $Z=\frac{p}{u}=\rho\cdot c$。声阻抗越大，超声波纵波传播的速度越快，质点的振动速度越小，所以它表示超声场中介质对质点振动的阻碍作用。声阻抗只与介质性质有关，一般材料随着温度的升高，声阻抗的值降低。钢的声阻抗 $Z_{钢}$ 远大于空气的声阻抗 $Z_{空气}$，两者相差上万倍。

3. 声　强

单位时间内，垂直通过单位面积的声能量称为声强（I），常用单位为 J/(cm²·s)或 W/cm²。对于平面余弦波，其平均声强（I）为

$$I=\frac{1}{2}\rho cA^2W^2=\frac{1}{2}Zu^2=\frac{p^2}{2Z} \tag{1.5.2}$$

式中　A——振幅；

　　W——振动角速度。

声波的声强与频率平方成正比，而超声波的频率远大于可闻声波。因此超声波的声强也远大于可闻声波的声强，这是超声波能用于探伤的重要原因。

4. 分贝类比（见表 1.5.1）

表 1.5.1　分贝类比

序号	分贝值	类比各种环境
1	1 dB	刚能听到的声音
2	15 dB 以下	感觉安静
3	30 dB	耳语的音量大小
4	40 dB	冰箱的嗡嗡声
5	60 dB	正常交谈的声音
6	70 dB	相当于走在闹市区
7	85 dB	汽车穿梭的马路上
8	95 dB	摩托车启动声音
9	100 dB	装修电钻的声音
10	110 dB	卡拉 OK、大声播放 MP3 的声音
11	120 dB	飞机起飞时的声音
12	150 dB	燃放烟花爆竹的声音

引起听觉的最弱声强 $I_0 = 10^{-16}\ \mathrm{W/cm^2}$，一般以此作为标准声强，在声学上称为“闻阈”，即 $f = 1\ 000$ Hz 时引起人耳听觉的声强最小值，将某处环境的声强与标准声强 I_0 之比取其对数就得到两者相差的数量级，称为声强级，声强级的单位为贝尔（B）。

$$\psi = \lg \frac{I_1}{I_0} \tag{1.5.3}$$

实际上贝尔这个单位太大，通常取其十分之一分贝数（dB）表示。两个声强比即

$$\Delta = 10 \lg \frac{I_1}{I_0} \tag{1.5.4}$$

有的教材上对两声强不取对数 lg，而取自然对数 ln，单位为奈培（Np，1 Np = 8.86 dB）。对于放大线性（垂直线性）比较好的超声波探伤仪，两处声强的分贝差可变形为：

$$\Delta = 10 \lg \frac{I_2}{I_1} = 10 \lg \frac{\frac{p_2^2}{2Z}}{\frac{p_1^2}{2Z}} = 20 \lg \frac{p_2}{p_1} = 20 \lg \frac{H_2}{H_1} \tag{1.5.5}$$

（1）当 $\Delta = 0$ dB 时，二者的分贝差为零，此时 $H_2 = H_1$。

（2）当 $\Delta = 6$ dB 时，H_2 比 H_1 高 6 dB，此时 H_2 为 H_1 的 2 倍。

（3）当 $\Delta = -6$ dB 时，H_2 比 H_1 低 6 dB，此时 H_2 为 H_1 的 1/2。

例： 示波屏上一波高为 20%，若使其高度增加到 80%，问需增加多少分贝？

解： $\Delta = 20 \lg H_2 / H_1 = 20 \lg 80\% / 20\% = 12\ (\mathrm{dB})$

答： 需增加 12 dB。

灵敏度调整： 我们常用的探伤仪上常有一个印有“dB”的控键，称为增益键，它可以控制仪器放大线性，即调整仪器 dB 值可以改变波高，dB 值增大波高升高，dB 值减小波高降低。在探伤过程中仪器中的 dB 值不能太大，否则会出杂波，dB 值也不能太小，否则小的伤损会漏检，所以要把 dB 值调到一个合理的范围，以保证在不出杂波情况下能发现小的伤损。根据工艺标准利用试块或者某一结构构造物对 dB 值进行调整的过程，称为灵敏度的调整。

5. 6 dB 法测长

当遇到长大伤损（伤损大小超过了声束宽度），可用 6 dB 法对其进行定量，由于波高降低 6 dB 后正好为原来的一半，因此 6 dB 法又称半波高度法。其具体做法如下：移动探头找出缺陷的最大反射波后，调节增益，使缺陷波高达到 80%。然后用衰减器将仪器增益值提高 6 dB，沿缺陷方向左右移动探头，当缺陷波高降至基准波高时，探头中心线之间距离就是缺陷的指示长度（见图 1.5.1）。

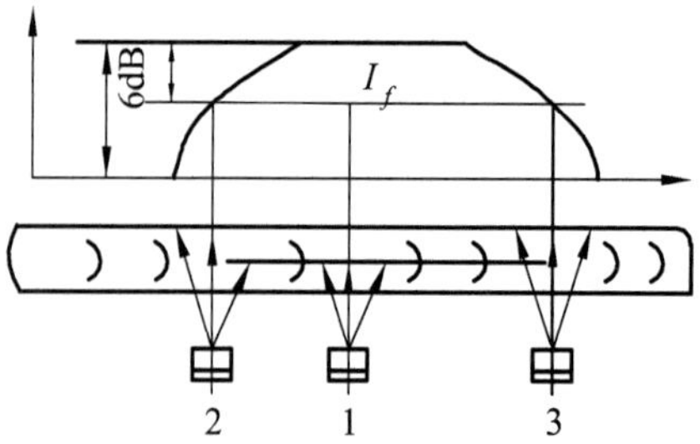

图 1.5.1　半波高法测伤损指示长度

小故事：在实际探伤过程中，不仅要对伤损精准定位，也要精确定量。怀化工务段高级技师伍某从部队退伍进入铁路系统成为一名探伤工。入行之初，他不断请教老师傅，下班后要么待在单位宿舍挑灯看探伤理论书籍，要么待在练功房用伤损钢轨练手。为了验证伤损定量的方法，他在钢轨轨头中刻意制造人工伤损反复验证。通过一遍遍实作、一遍遍练习，查看波形图，反复对比，他不断总结伤损钢轨出波规律，准确判断伤损等级，最终成长为探伤领域的行家里手。

二、实训部分

6 dB 法对伤损进行定量

1. 实训目的

6 dB 法或半波高法是常用的对伤损定量的方法，在现场实际生产中经常遇到，需要掌握。

2. 实训设备及备品

通用探伤仪、K2.5 斜探头、探头线、机油及小桶、毛刷。

3. 实训方法及步骤

（1）请教师提前设置好仪器相应参数，并将探头放在已涂油钢轨顶面。

（2）移动探头找出缺陷的最大反射波后，调节增益，使缺陷波高降至 80%。然后用衰减器将仪器增益值提高 6 dB，沿缺陷方向向前移动探头，当缺陷波高降至基准波高 80%时，记录伤损深度 H_1。沿缺陷方向向后移动探头，当缺陷波高降至基准波高 80%时，记录伤损深度 H_2，则伤损的高度为 $H_2 - H_1$。

（3）移动探头找出缺陷的最大反射波后，调节增益，使缺陷波高降至 80%。然后用衰减器将仪器增益值提高 6 dB，沿缺陷方向左前移动探头，当缺陷波高降至基准波高 80%时，记录出伤损边界 L_1。沿缺陷方向向右移动探头，当缺陷波高降至基准波高 80%时，记录出伤损边界 L_2，则伤损的宽度为 $L_2 - L_1$。

（4）实训结束后，整理仪器设备，关闭电源，恢复实验前的状态，并完成实训报告。

【二维码视频】

6 dB 法对伤损进行定量　　　　对伤损进行定位

【本节附加说明】

1. 本节主要由湖南高速铁路职业技术学院马占生、赵群负责编写。
2. 本节视频由湖南高速铁路职业技术学院马占生与惠州工务段郑力尉联合录制。

6 dB 法进行核伤定量实训报告

1. 基本信息

日期：　　年　　月　　日　　　　天气：

班级：　　　　　　　　　　　　　姓名：

组别：　　　　　　　　　　　　　实训地点：

2. 实训的意义

3. 实训设备及备品

4. 实训步骤

5. 数据

6. 考核评价

任务六　超声波主声轴偏斜角测试

超声场结构及主声轴偏斜角测试任务单	
任务描述	生产误差会造成斜探头声轴与探头几何中线偏离较大，进而影响缺陷定位精度，本次任务为斜探头声轴偏斜角测定，并完成实训报告
任务知识点与技能点	知识点：超声场结构。 技能点：测定主声轴偏斜角
任务实施	1. 观看《超声场的结构》理论视频，掌握超声波纵波声场结构、横波声场结构等知识； 2. 观看《主声轴偏斜角的测定》实作视频，掌握测定方法及技巧； 3. 在钢轨探伤基地，分组作业，测定不同角度斜探头主声轴偏斜角，记录数值，评判探头质量并完成实训报告
评分标准	1. 职业素养 30 分； 2. 知识掌握情况 20 分； 3. 声速测定情况 40 分； 4. 实训报告 10 分
本任务职业素养要求	敢于创新，不断进取（引入真实案例“研发超声波路径仿真器的故事”）

一、理论部分

超声场的结构（课件）

超声场的结构（微课）

1. 纵波圆盘波源轴线上的声压分布

（1）理想声源的声场。

将圆盘波源看成活塞波声源，圆盘上各点以同相位、同速度的简谐振动辐射声能，通过对圆盘声场建模（图 1.6.1），可以看成是无数多个面积为 ds 的小面积元组成，每个小面积元都向空间辐射球面波的点声源，通过微积分运算，得到波源轴线上的声压幅值 p。

$$p = 2p_0\sin\left[\frac{\pi}{\lambda}\left(\sqrt{\frac{D^2}{4}+X^2}-X\right)\right] \tag{1.6.1}$$

式中　p_0——声源声压；

D——为声源直径；

λ——波长；

X——离声源的轴线距离。

根据牛顿二项式：

$$\sqrt{\frac{D^2}{4}+X^2}\approx\frac{1}{2}\cdot\frac{D^2}{4X}+X \tag{1.6.2}$$

所以

$$p=2p_0\sin\left[\frac{\pi}{\lambda}\left(\sqrt{\frac{D^2}{4}+X^2}-X\right)\right]=2p_0\sin\frac{\pi D^2}{8\lambda X} \tag{1.6.3}$$

当远距离时，θ 很小，

$$\sin\theta=\theta\text{，}\quad p=2p_0\sin\frac{\pi D^2}{8\lambda X}=2p_0\cdot\frac{\pi D^2}{8\lambda X}=p_0\cdot\frac{\pi D^2}{4\lambda X} \tag{1.6.4}$$

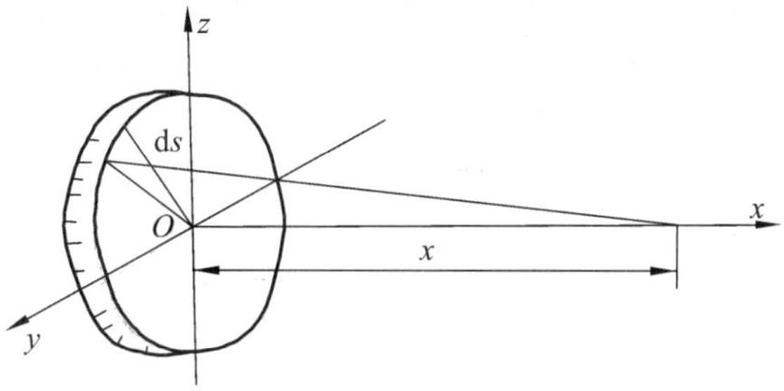

图 1.6.1　圆盘声场建模

注意：从式（1.6.4）可知，在远距离时，声压随着距离的增大而减少，但是在靠近声源附近时，由于波的干涉，出现了一系列声压极大值和极小值区域，这一区域称为近场区，近场区长度 N。波源轴线上最后一个声压极大值到波源的距离

$$\frac{\pi}{\lambda}\left(\sqrt{\frac{D^2}{4}+X^2}-X\right)=(2n+1)\frac{\pi}{2}$$

时，声压有极大值。

$X=\dfrac{D^2-\lambda^2(2n+1)^2}{4\lambda(2n+1)}$，当 $n=0$，声压的最后极大值出现的声程

$$N=\frac{D^2-\lambda^2}{4\lambda}\approx\frac{D^2}{4\lambda}=\frac{A}{\pi\lambda}$$

式中　A——晶片面积。

当 $\dfrac{\pi}{\lambda}\left(\sqrt{\dfrac{D^2}{4}+X^2}-X\right)=n\pi$ 时，声压有极小值。

$X = \dfrac{D^2 - (2n\lambda)^2}{8n\lambda}$，当 n=1，2，3，…对应的声程约为 $N/2$，$N/4$，$N/8$，…，注意声源轴线上最后一个声压为 0 的距离为 $N/2$。

综上，理想中圆盘声源（指一种圆平面状的振子）辐射的纵波声场轴线上的声压分布规律如图 1.6.2 所示。

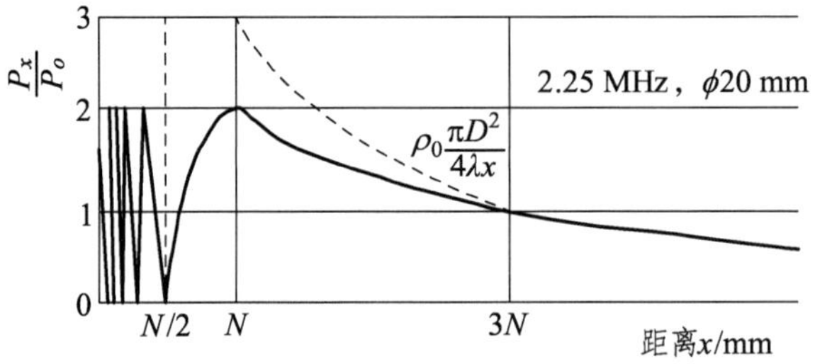

图 1.6.2　圆盘声源声束轴线上的声压分布（理想）

（2）实际声源的声场。

简化计算时假定声源是均匀、连续激发的，而实际探头多是非均匀激发的脉冲波源；简化计算时假定介质为液体介质，实际检测多为固体介质；激励脉冲包含多种频率，每个频率的信号激发的声场相互叠加，使总声压趋于均匀。对实际声场的研究结果表明，两者主要差别在近场区的声压分布，简化计算中近场区声压有多处极大值和极小值，而实际声场（见图 1.6.3）近场区声压分布较为均匀，幅值变化小，极值点的数量也明显减少。虽然两者近场区差异较大，但是远场区是基本相似的，可以利用简化推导结果在实际检测中进行近似的计算。

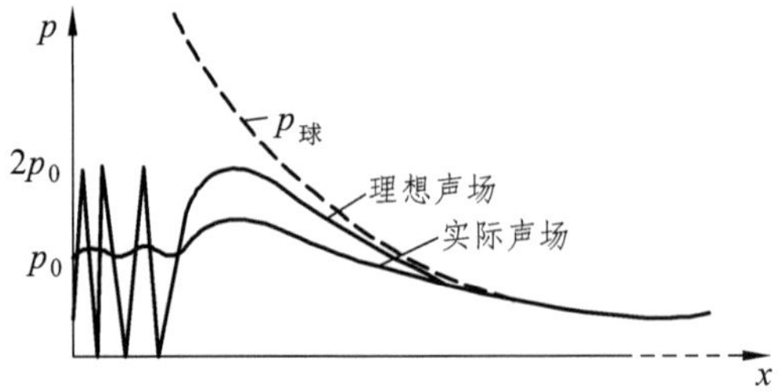

图 1.6.3　圆盘声源声束轴线上的声压分布（实际）

请思考： 探头前端加装了延时块（有机玻璃），所发送出来的纵波在钢中近场区为多少呢？

（3）带有延迟块（见图 1.6.4）直探头第二介质中近场区计算。

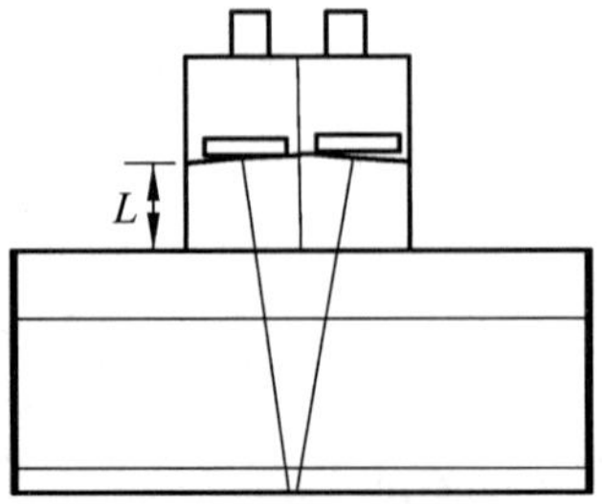

图 1.6.4　带有延迟块直探头

首先要把有机玻璃的延时块想象成钢做的，两者之间有速度差，折算后的有机玻璃厚度为 $L\cdot\dfrac{c_1}{c_2}$，L 为有机玻璃厚度，c_1 为纵波在有机玻璃里面传播的速度，c_2 为纵波在钢中传播的速度，钢中剩余的近场区长度 N' 为 $\dfrac{A}{\pi\lambda}-L\cdot\dfrac{c_1}{c_2}$，$\lambda$ 为钢中的波长，A 为晶片面积。

2. 横波斜探头声场上的声压分布

横波探头辐射声场（见图 1.6.5）由第一介质中的纵波声场和第二介质中的横波声场两部分组成，将一介质中的纵波声源（面积为 A）转换为第二介质中的假想横波波源（面积为 A_0），整个声场可视为由假想横波波源发射出来的连续的横波声场。

由于声源波的干涉，横波声场存在近场区和远场区，近场区

$$N=\frac{A_0}{\pi\lambda}=\frac{A}{\pi\lambda}\cdot\frac{\cos\beta}{\cos\alpha}$$

第二介质中近场区长度

$$N'=N-L\cdot\frac{\tan\alpha}{\tan\beta}=\frac{A}{\pi\lambda}\cdot\frac{\cos\beta}{\cos\alpha}-L\cdot\frac{\tan\alpha}{\tan\beta}$$

式中 α——入射角；

β——折射角；

λ——波长；

L——入射点至压电晶片的距离。

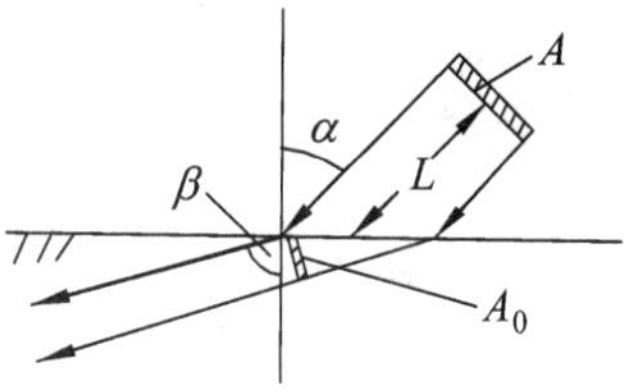

图 1.6.5 斜探头超声波声场

3. 直探头纵波声场结构

超声场结构：探头发出的超声波能量并不均匀，主要集中在一个锥形区域内，此区域称为主声束，当缺陷位于主声束范围内时，才容易被发现。主声束同一截面上各点声压并不相同，以轴线上声压最高，称为主声轴，在实际探伤过程中，当主声轴与缺陷垂直时，缺陷回波最高，据此可对伤损进行精确定位。主声束边缘声压为零，主声束以外的超声波能量很低，传播距离小，所以常在波源附近出现，称为副声束，图 1.6.6 所示为超声场结构简图，图 1.6.7 为 MATLAB 数值模拟超声场。

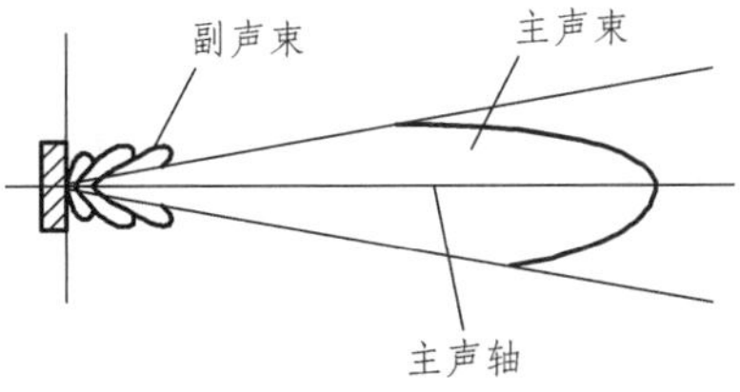

图 1.6.6 超声场结构简图

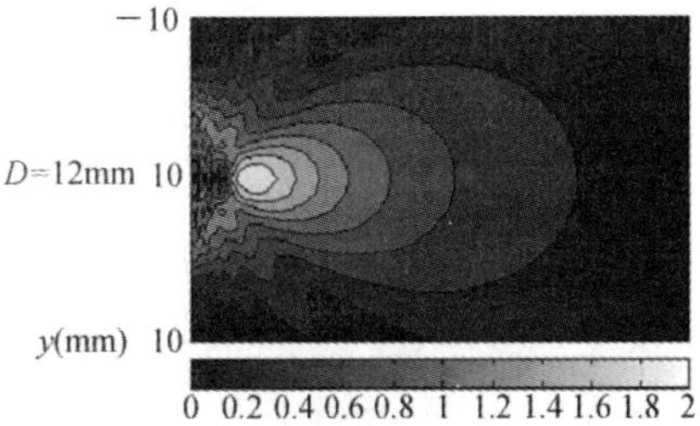

图 1.6.7 MATLAB 数值模拟超声场

波束指向性与指向角（θ）：晶片发出的超声波束（见图 1.6.8）与手电筒发出的光柱类似，在靠近晶片较短的范围看作是直线传播，经过一段距离后，按一定角度扩展辐射，非扩散的区域为近场长度（N）的 1.67 倍，大于 $1.67N$ 为扩散区，扩散程度常用指向角或半扩散角（见图 1.6.9），用 θ 表示，对圆盘声源辐射的纵波声场，其声束指向角（θ）计算式如下：

$$\theta = \arcsin 1.22\frac{\lambda}{D} \approx 70\frac{\lambda}{D}$$

式中　D——晶片的直径；

λ——超声波波长。

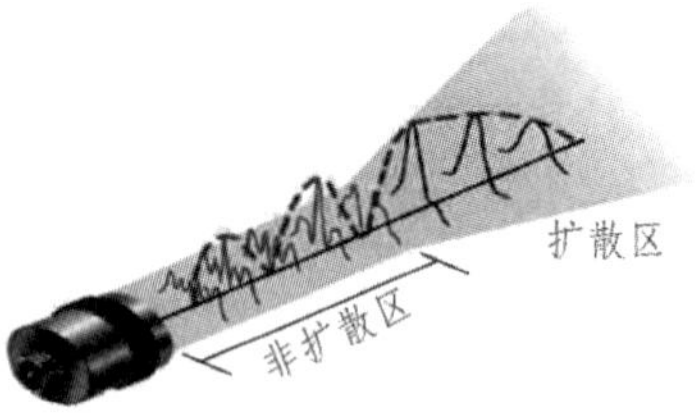

图 1.6.8　圆形晶片超声波束

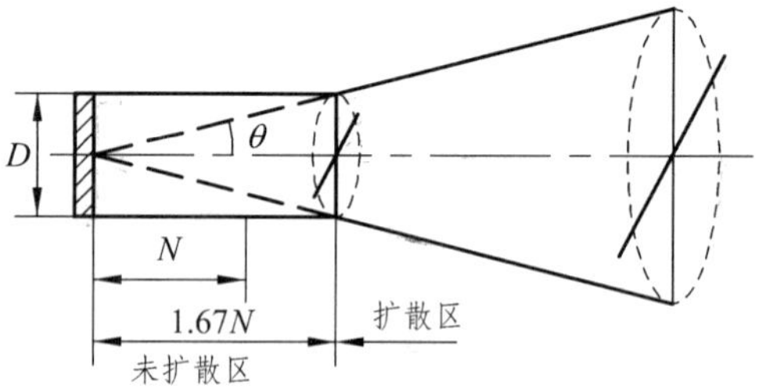

图 1.6.9　指向角

由上式可知，指向角 θ 与 λ/D 比值有关，相同条件下，若晶片直径（D）越大或波长（λ）越短（频率越高），则指向角（θ）就越小，波束指向性就越好，超声波能量集中，探伤灵敏度高，分辨力好，定位精确，不过近场长度（N）也将越大。

若直探头的压电晶片为长、宽分别为 a 和 b 的长方形晶片声束指向角（见图 1.6.10）计算式分别为

长边方向：$\theta = \arcsin 1.08\frac{\lambda}{a} \approx 57\frac{\lambda}{a}$，

短边方向：$\theta = \arcsin 1.08\frac{\lambda}{b} \approx 57\frac{\lambda}{b}$

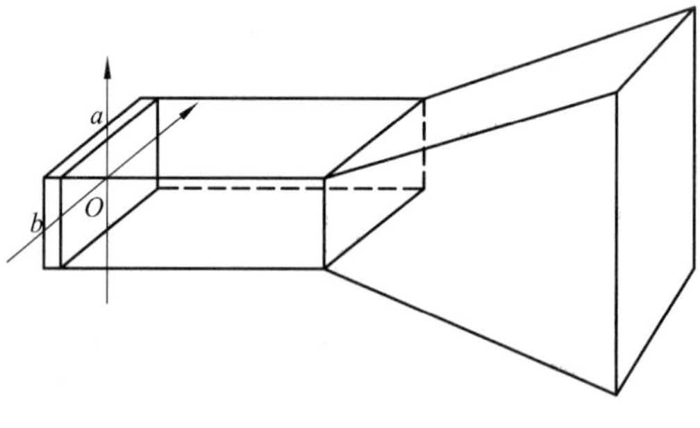

图 1.6.10　方形晶片超声波束

4. 斜探头横波声场结构（见图 1.6.11）

斜探头的声场包含两部分，一部分是在第一介质中的纵波声场，另外一部分是第二介质中横波声场。研究表明，横波声场在第二介质中依然有扩散性，但是两个扩散角（$\theta_上$、$\theta_下$）并不对称，$\theta_上 = \beta_2 - \beta$，$\theta_下 = \beta - \beta_1$。式中 β，β_1，β_2 与晶片尺寸、两种介质中的声速、入射角、

折射角、波长等有关，可以通过计算得出，也可以用试验的方法测定。

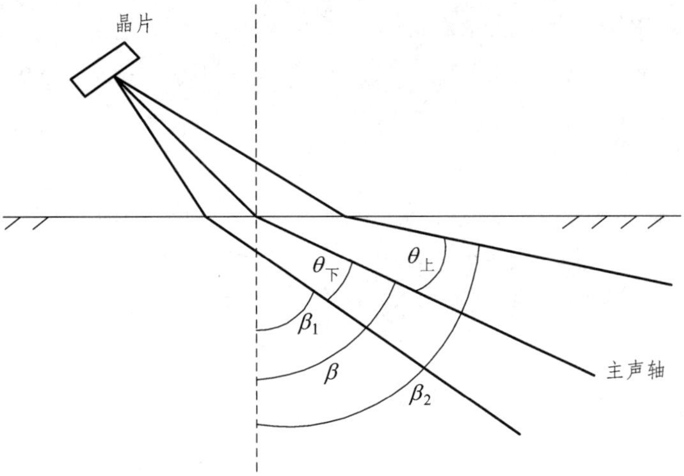

图 1.6.11　斜探头横波声场结构

5. 聚焦探头声场结构（见图 1.6.12）

通过改变晶片的形状，利用两种介质的速度差，可以实现超声波的聚焦，按照几何声学理想情况下可以得到点聚焦和线聚焦，但实际上由于干涉和透镜存在球差，得到的往往是焦柱。

焦柱长度为 L，直径为 d，其中心至晶片的距离为焦距 F，则 $d \approx \lambda F/2R$，$L \approx \lambda F^2/R^2$，$F = N/B$。其中 λ 为波长，R 为晶片半径，N 为近场区，B 为聚焦系数（$B \geqslant 1$）。B 的值越大，聚焦效果越好（见图 1.6.13），若 $B=1$，几乎无聚焦，所以 $F \leqslant N$。

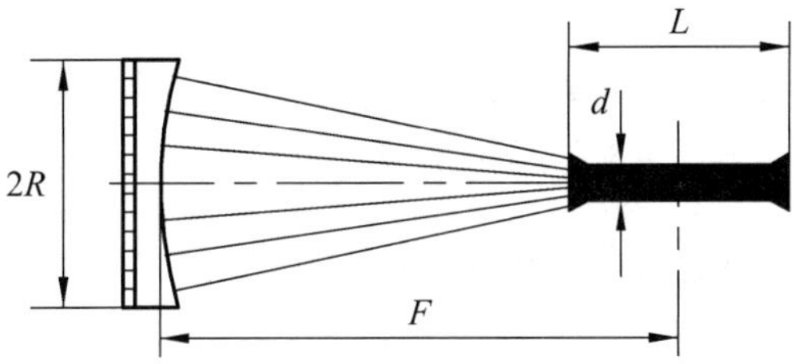

图 1.6.12　聚焦探头声场结构

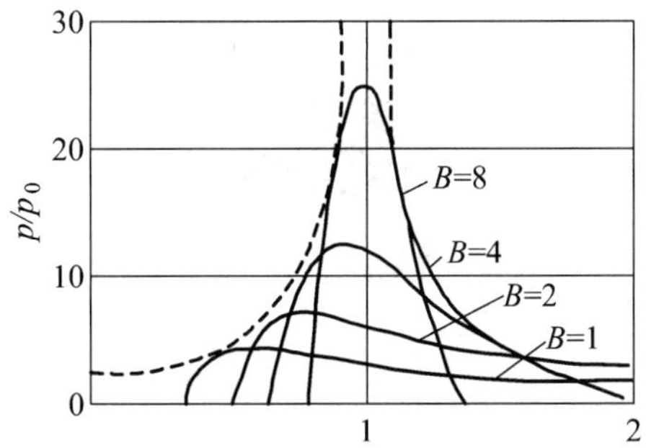

图 1.6.13　聚焦系数与效果

练一练：

（1）若用 2.5P20 的直探头检测钢轨，求 N 和 θ 值的大小。

（2）路轨仪中，双晶 0°探头发射晶片频率为 2.5 MHz，尺寸为 8 mm×12 mm，延迟块厚度为 10 mm，求钢中 N 的大小。

真实案例：超声波看不见、摸不着，在进行探伤作用时，为了方便同学掌握超声波的传播路径，我校小卫士团队在老师的指导下自主研创了超声波路径仿真器，有效解决了教学难题。希望同学们向他们学习，敢于创新，不断进取。

二、实训部分

主声轴偏斜角的测定

1. 实训目的

斜探头声轴与探头几何中线偏离较大时，将影响缺陷定位精度，声轴偏离主要是生产误差造成，因而需对偏离情况进行测试。

2. 实验设备

通用探伤仪、CSK-1A 试块、2.5P13 × 13K2.5 斜探头、机油、毛刷、尺子、计算器等。

3. 实验方法

声轴偏角测试利用 CSK-1A 试块直角棱边测试，当 K 值≤1.5 时，用 2 次波探测直角棱边顶角测试。当 K 值≥1.5 时，用 1 次波探测直角棱边底角测试，探头从棱边开始后退找最高波→探头左右微转再找最高波→固定探头，用钢尺靠贴探头一侧量取读数 L，计算 $\theta = \arcsin\dfrac{100}{L}$，整理实训设备，填写实训报告。

【二维码视频】

主声轴偏斜角的测定

【本节附加说明】

1. 本节主要由湖南高速铁路职业技术学院马占生负责编写。
2. 本节视频由湖南高速铁路职业技术学院马占生、郭庆、王月坤录制。

主声轴偏斜角测试实训报告

1. 基本信息

日期：　　　　年　　　月　　　日　　　　　　　　天气：

班级：　　　　　　　　　　　　　　　　　　　　　姓名：

组别：　　　　　　　　　　　　　　　　　　　　　实训地点：

2. 实训的意义

3. 实训设备及备品

4. 实训步骤

5. 数据

6. 考核评价

任务七　超声波散射和绕射测试

超声波传播特性及散射和绕射测试任务单	
任务描述	本次任务是通过观察散射和绕射现象了解超声波传播的特性
任务知识点与技能点	知识点：超声波传播特性（叠加、干涉、散射、绕射、衍射和衰减）。 技能点：利用超声波散射和绕射特性解释出波规律
任务实施	1. 观看《超声波的传播特性》理论视频，掌握超声波传播特性相关知识； 2. 观看《绕射现象》实作视频，解释相关波形出波规律； 3. 在钢轨探伤基地，分组作业，观察散射和绕射现象，并完成实训报告
评分标准	1. 职业素养 30 分； 2. 知识掌握情况 20 分； 3. 散射和绕射出波情况 40 分； 4. 实训报告 10 分
本任务职业素养要求	团队合作、勇于探索真理

一、理论部分

超声波的传播特性（课件）　　　　超声波的传播特性（微课）

超声波传播特性包括超声波的叠加、干涉、散射、绕射、衍射和衰减。

1. 波的叠加

当几列波在同一介质中传播并相遇时，相遇处质点的振动是各列波引起的分振动的合成，任一时刻该质点的位移是各列波引起的分位移的矢量和。相遇后的各列波仍保持它们原来的特性（频率、波长、振动方向等）不变，并按照各自原来的传播方向继续前进，好像在各自的传播过程中没有遇到其他波一样，称为波的叠加。

2. 波的干涉

两列频率和振动相同、相位差恒定的波相遇时，由于波的叠加作用，使某些地方振动始终互相加强，而另一些地方振动始终互相减弱或完全抵消，这种现象称为波的干涉。当相干波的声程相差等于波长的整数倍时，两者互相加强；当相干波的声程相差等于半波长的奇数倍时，两者相互抵消。两个振幅相同的相干波在同一直线上沿相反方向叠加而成的波称为驻波，驻波中振幅最大的点称为波腹，振幅为零处称为波节，相邻两波腹或波节之间的距离为 1/2 波长，当介质厚度为 1/2 波长整数倍时，就能产生驻波现象。

干涉（驻波）的应用：探头压电晶片利用电脉冲波和固有频率波产生驻波引发共振，进而发送超声波，所以晶片厚度一般为 1/2 波长。

干涉现象是波动的重要特性，是造成活塞波超声场呈现较为复杂的声压分析的原因，尤其在离声源较近的近场区内，干涉引起的声压极大值变化频繁，从而给缺陷定量带来很大的困难。

3. 波的散射

超声波在介质中传播时遇到小于波长的障碍物或其他不连续介质，而使超声波向各个不同方向产生无规律反射、折射或衍射的现象称为散射。图 1.7.1 为散射示意，图 1.7.2 是模拟超声波的散射光弹，散射的结果是使声能分散、穿透力降低和引起不规则的草状杂波（见图 1.7.3），导致信噪比及灵敏度下降。

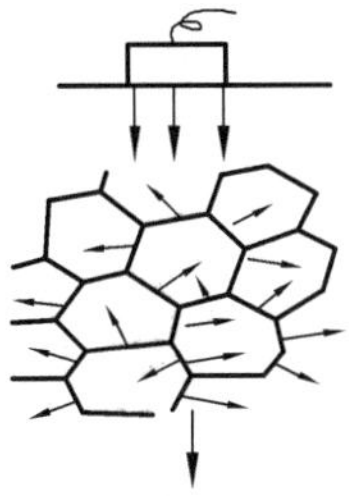

图 1.7.1　散射示意图

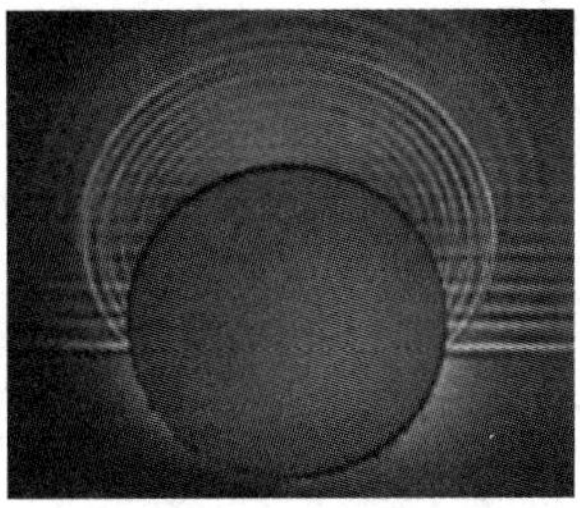

图 1.7.2　散射光弹

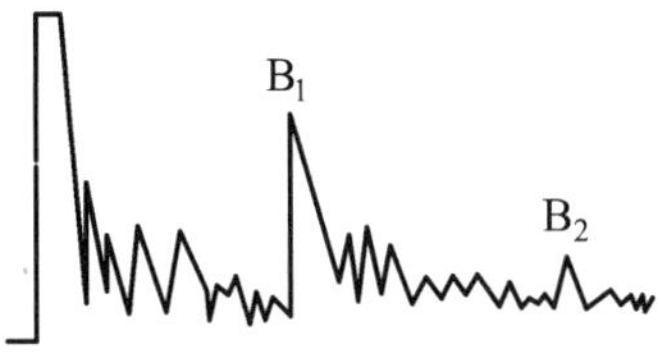

图 1.7.3　草状杂波

散射对探伤的影响：散射现象的强弱取决于材料内部组织、入射波波长和异质界面的平整度。当被检工件为铸件、探测面或反射面不平整、工件内存在与波长相当的气孔和夹杂，散射现象尤为严重。钢轨探伤中遇有轨面擦伤、轨底（轨颚）锈蚀，以及铝热焊焊缝的晶粒粗大等引起灵敏度下降、杂波增多，这都是散射现象。

4. 波的绕射

波在传播过程中遇到障碍物时能绕过其边缘并继续前进的现象称为波的绕射。超声波在传播过程中遇到障碍物时，一方面产生反射和折射，另一方面产生绕射。绕射现象取决于障碍物尺寸（D）和波长（λ）之比。当$D>\lambda$时，以反射为主，如图 1.7.4 所示；当$D\approx\lambda$时，有绕射和反射，且产生阴影区，如图 1.7.5 所示；当 $D<<\lambda$时，声波只有绕射，如图 1.7.6 所示。

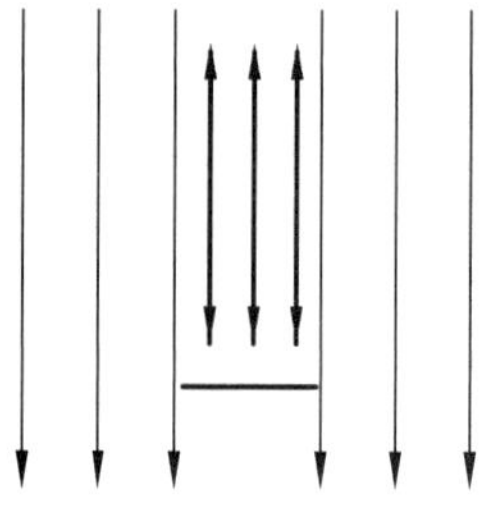

图 1.7.4　$D>\lambda$，反射

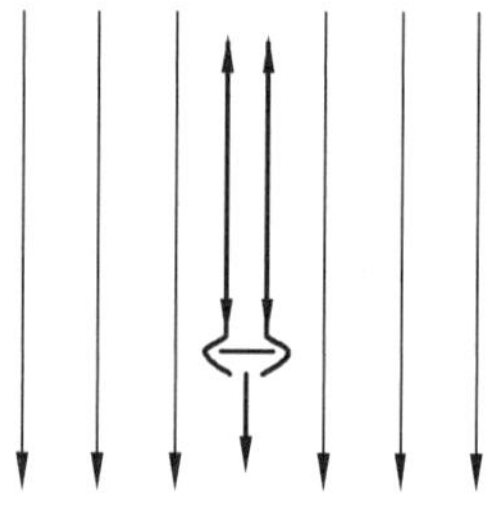

图 1.7.5　$D\approx\lambda$，反射+绕射

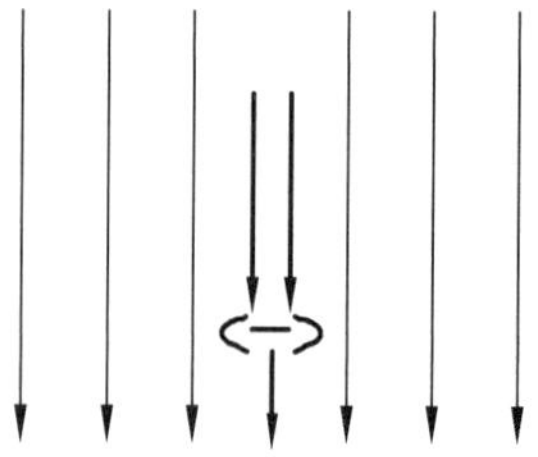

图 1.7.6　$D\ll\lambda$，绕射

波的绕射对探伤既有利又不利。由于波的绕射，使超声波遇到晶粒可以顺利地在介质中传播，这对探伤有利；但同时由于波的绕射，使一些小缺陷回波显著下降，以致造成漏检，这对探伤不利。一般情况下超声波能够发现的最小缺陷约为$\lambda/2$，缺陷小于$\lambda/2$，超声波遇到该缺陷发生绕射；缺陷大于$\lambda/2$，超声波遇到该缺陷以反射为主，产生回波信号。

探头频率的选择：根据被检工件晶粒大小不同，要适当选择不同的频率的探头，如在焊缝探伤中闪光焊的焊缝晶粒较细，可选择较高频率的探头（直探头≤4 MHz）；而在铝热焊中焊缝晶粒较粗，应选择频率相对低的探头（直探头≤2.5 MHz）；在高锰钢整铸辙叉中，因晶粒粗大，会出现很多杂波，超声波无法穿透钢轨，所以此部位要结合手工检查。

5. 波的衍射（见图 1.7.7）

波在传播过程中遇到障碍物时，在障碍物的边缘会激发出新的波源，并向外发散超声波的现象叫作衍射。衍射现象的应用：衍射时差法（简称 TOFD），是利用缺陷部位的衍射波信号来检测和测定缺陷尺寸的一种超声检测方法，一般使用一发一收模式纵波斜探头。有缺陷存在时，在直通波和底面反射波之间，接收探头还会接收到缺陷处产生的衍射波，以此来判定伤损，如图 1.7.8 所示。这种方法的优点有：缺陷的衍射信号与缺陷的方向无关，缺陷检出率高；超声波束覆盖区域大；缺陷高度测量精确；实时成像，快速分析；缺陷的定量不依赖于缺陷的回波幅度；快速、安全、方便。

图 1.7.7　衍射

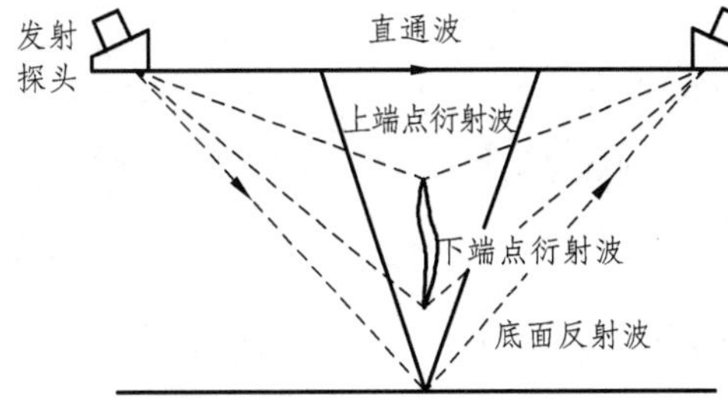

图 1.7.8　衍射时差法

6. 超声波的衰减

超声波在介质中传播时，随着传播距离的增加，超声波的能量逐渐减弱的现象称为超声波的衰减。引起超声波衰减的原因很多，除了位错、磁畴壁和残余应力引起的衰减外，还有扩散衰减、散射衰减和吸收衰减。

（1）扩散衰减。

超声波在传播过程中，由于波束的扩散，使超声波的能量随距离增加而逐渐减弱的现象称为扩散衰减。超声波的扩散衰减仅取决于波面的形状，与介质的性质无关。

① 平面波波阵面为平面，波束不扩散，不存在扩散衰减。

② 柱面波波阵面为同轴圆柱面。波束向四周扩散，存在扩散衰减，声压与距离的平方根成反比。

③ 球面波波阵面为同心球面，波束向四面八方扩散，存在扩散衰减，声压与距离成反比。

（2）散射衰减。

超声波在介质中传播时，遇到声阻抗不同的界面产生散乱反射，声能分散，造成散射衰减。固体中尤以多晶体金属的非均匀性（如杂质、粗晶、内应力、第二相等）引起的散射衰减最为明显。其中散射衰减与材质的晶粒密切相关，当材质晶粒粗大时，散射衰减严重，被散射的超声波沿着复杂的路径传播到探头，在示波屏上引起林状回波（又叫草波），使信噪比下降，严重时噪声会产生缺陷波。散射衰减随超声波频率的增高而增大，且横波引起的衰减大于纵波，所以在检测铝热焊焊缝时探头的频率不宜超过 2.5 MHz。

（3）吸收衰减。

质点离开自己的平衡位置产生振动时，必须克服介质质点间的黏滞力（和内摩擦力）而做功，从而造成声能损耗，这部分损耗的声能也将转换成热能。在超声波传播过程中，这种由于介质的黏滞吸收而将声能转换成热能，从而使声能减少的现象称为吸收衰减。在超声波探伤中它并不占主要地位。

通常所说的介质衰减是指吸收衰减与散射衰减，不包括扩散衰减。对于固体介质，吸收衰减相对于散射衰减可忽略不计，但对液体介质来说，吸收衰减则是主要的。常用材料的衰减系数 α 值来反映超声波在不同介质中的衰减程度。

① 当工件厚度 $2N < d \leqslant 200$ mm 时，可用多次脉冲反射回波高度的比较来测定 α，即

$$\alpha = \frac{\varDelta_{m-n} - \delta}{2(n-m)d} \quad (\text{dB/mm})$$

式中　m，n—— 底波反射次数（$n>m$）；

α—— 材料的单位衰减系数；

$\varDelta_{m-n}$—— 示波屏上第 m、n 次底波波高 B_m、B_n 的分贝差，$\varDelta_{m-n}=20\lg\dfrac{B_m}{B_n}$；

d—— 工件厚度；

δ—— 表面反射损失，扩散衰减仪器的损失，$\delta=20\lg\dfrac{n}{m}$。

② 工件厚度 $d>200$ mm 时，采用多次反射可能超出仪器的测定范围，所以用底面的第一次和第二次回波的分贝差来计算衰减系数，即

$$\alpha=\frac{20\lg\dfrac{B_1}{B_2}-20\lg\dfrac{2}{1}}{2(2-1)d}=\frac{20\lg\dfrac{B_1}{B_2}-6}{2d}\quad(\text{dB/mm})$$

7. 增益补偿（见图 1.7.9）

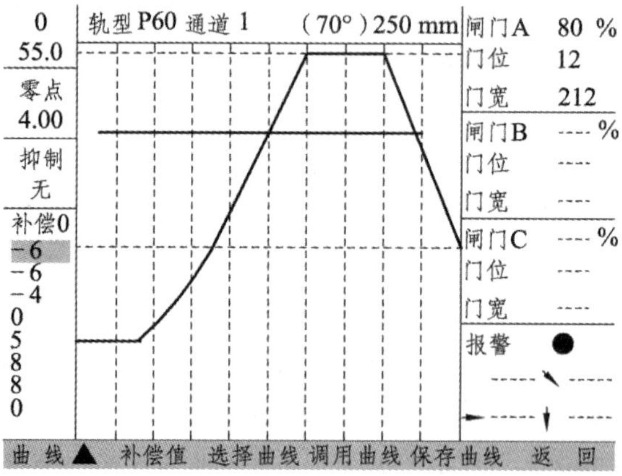

图 1.7.9　增益补偿曲线

由于超声波在传播过程中能量有所损失，远距离的伤损回波高度偏低，容易造成漏检，提高增益值（dB）值，虽能解决远距离伤损的问题，但是近距离回波高度也会被放大，甚至会形成杂波干扰，所以有必要进行增益深度补偿。

温馨提示：因增益曲线针对不同的线路状态，要经过大量实验测试得出，所以修订后的曲线不要轻易改动。

瑞利散射：为什么天空是蓝色的？

由于瑞利散射的强度与波长的四次方成反比，所以太阳光谱中波长较短的蓝紫光比波长较长的红光散射更明显，而短波中又以蓝光能量最大，所以在雨过天晴或秋高气爽时，在大气分子的强烈散射作用下，蓝色光被散射至天空，天空即呈现蔚蓝色。理论知识不仅可以丰富头脑，更能解释生活中的自然现象，希望同学们努力学习，勇于探索真理。

二、实训部分

散射及绕射现象演示

1. 实训目的

通过对散射和绕射现象的观察，更加了解超声波传播特性。

2. 实验设备

通用探伤仪、高锰钢整铸式辙叉、WGT-3 试块、直探头、机油、毛刷、尺子等。

3. 实验方法

（1）将直探头放置在普通钢轨上，将底波调制 80%的基础上增加 10 dB，将探头放置在整铸式辙叉岔心位置，观察杂波波形。

（2）将直探头放置在 WGT-3 试块上，观察 20 mm、40 mm、65 mm 处横通孔出波情况。

（3）整理实训设备，完成实训报告。

【二维码视频】

绕射现象

【本节附加说明】

1. 本节主要由湖南高速铁路职业技术学院马占生负责编写。
2. 本节视频由湖南高速铁路职业技术学院马占生、郭庆、王月坤录制。

绕射现象测定实训报告

1. 基本信息

日期：　　　年　　月　　日　　　　　　天气：

班级：　　　　　　　　　　　　　　　　姓名：

组别：　　　　　　　　　　　　　　　　实训地点：

2. 实训的意义

3. 实训设备及备品

4. 实训步骤

5. 心得体会

6. 考核评价

任务八　超声波探头保护靴施加耦合剂

超声波垂直入射异质界面及探头保护靴施加耦合剂方法任务单	
任务描述	现场钢轨探伤中探头保护靴磨耗后或者进入空气后需更换，更换过程中需要施加耦合剂，本次任务为向探头保护靴施加耦合剂
任务知识点与技能点	知识点：反射和透射现象；反射和透射公式；介质的声阻抗对反射和透射影响。 技能点：向探头保护靴施加耦合剂
任务实施	1. 观看《超声波垂直入射异质界面》理论视频，掌握超声波垂直入射异质界面相关知识； 2. 观看《更换保护靴及添加耦合剂》实作视频，掌握更换方法及技巧； 3. 在钢轨探伤基地，分组作业，完成 0°、37°、70°探头更换保护靴，施加耦合剂，并完成实训报告
评分标准	1. 团队合作等职业素养 30 分； 2. 知识掌握情况 20 分； 3. 更换保护靴及添加耦合剂情况 40 分； 4. 实训报告 10 分
本任务职业素养要求	团队合作、敢于创新，开拓思维

一、理论部分

超声波垂直入射异质界面（课件）

超声波垂直入射异质界面（微课）

1. 反射和透射现象

超声波从一种介质传播到另一种介质时，在两种介质的分界面上，部分能量反射回原介质的现象称反射，另有部分能量透过界面进入另一种介质的现象称为透射，如图 1.8.1 所示。

2. 反射和透射公式

设入射波的声压为 p_0（声强为 I_0），反射波的声压为 p_r（声强为 I_r），透射波的声压为 p_t（声强为 I_t）。界面上反射波声压 p_r 与入射波声压 p_0 之比称为界面的声压反射率，用 r 表示，即 $r = p_r / p_0$；界面上透射波声压 p_t 与入射波声压 p_0 之比称为界面的声压透射率，用 t 表示，即 $t = p_t / p_0$；界面上反射波声强与入射波声强之比称为声强反射率，用 R 表示；界面上透射波声强 I_t 与入射波声强 I_0 之比称为声强透射率，用 T 表示。

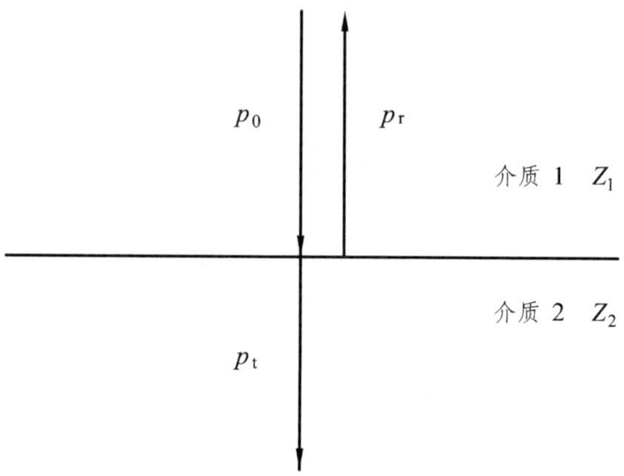

图 1.8.1 超声波垂直入射单层界面

在界面两侧的声波，必须符合下列两个条件：① 力的平衡：若把声压看作是单位面积上受的力，那么作用于同一个平面的力应符合力的平衡原理，因此 $p_0+p_r=p_t$。② 能量平衡：界面两侧质点振动速度幅值相等，根据公式 $u=p/z$，得 $(p_0-p_r)/Z_1=p_t/Z_2$。

由上述两边界条件和声压反射率，透射率定义得

$$1+r=t$$

$$(1-r)/Z_1=t/Z_2$$

解上述联立方程得声压反射率 r 和透射率 t 分别为

$$r=\frac{p_r}{p_0}=\frac{Z_2-Z_1}{Z_2+Z_1}$$

$$t=\frac{p_t}{p_0}=\frac{2Z_2}{Z_2+Z_1}$$

$$R=\frac{I_r}{I_0}=\frac{\dfrac{p_r^2}{2Z_1}}{\dfrac{p_0^2}{2Z_1}}=\frac{p_r^2}{\dfrac{p_0^2}{2Z_1}}=r^2=\left(\frac{Z_2-Z_1}{Z_2+Z_1}\right)^2$$

$$T=\frac{I_t}{I_0}=\frac{\dfrac{p_t^2}{2Z_2}}{\dfrac{p_0^2}{2Z_1}}=\frac{Z_1}{Z_2}\cdot\frac{p_t^2}{p_0^2}=\frac{4Z_1Z_2}{(Z_1+Z_2)^2}$$

重点：由以上几式可以导出 $t-r=1$，$T+R=1$，$R=r^2$。

3. 介质的声阻抗对反射和透射影响

超声波垂直入射到平界面上时，r，t，R，T 只与两侧介质的声阻抗 Z 有关。公式不仅适用于纵波入射，也适用横波入射，因横波不能在液体和气体中传播，所以固/液与固/气界面上，横

波将全反射，两侧声阻抗常见的形式有 4 种情况：

（1）当 $Z_2 > Z_1$ 时，反射波声压与入射波声压同相位，反射波与入射波叠加，合成声压振幅增大，如图 1.8.2 所示。例如，超声波平面波垂直入射到水/钢界面，$Z_1 = 0.15\times10^6$ g/（cm²・s），$Z_2 = 4.5\times10^6$ g/（cm²・s），则

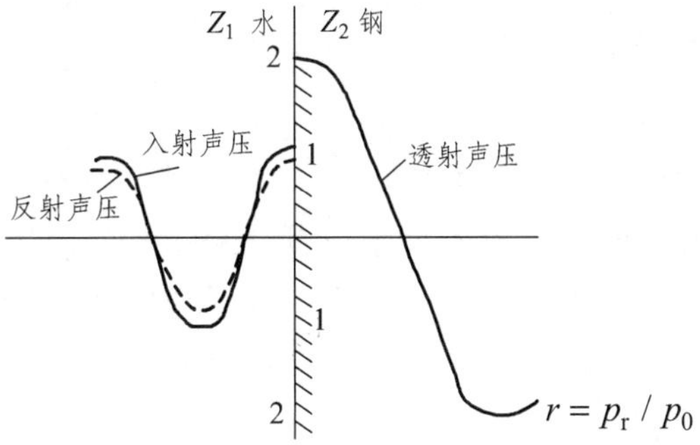

图 1.8.2　水/钢异质界面

$$r = \frac{p_r}{p_0} = \frac{Z_2 - Z_1}{Z_2 + Z_1} = \frac{4.5 - 0.15}{4.5 + 0.15} = 0.935$$

$$t = \frac{p_t}{p_0} = \frac{2Z_2}{Z_2 + Z_1} = \frac{2\times4.5}{4.5 + 0.15} = 1.935$$

$$R = r^2 = 0.935^2 = 0.875$$

$$T = \frac{4Z_1Z_2}{(Z_1 + Z_2)^2} = \frac{4\times0.15\times4.5}{(4.5 + 0.15)^2} = 0.125$$

以上计算表明，超声波垂直入射到水/钢界面时，其声压反射率 $r = 0.935$，声压透射率 $t = 1.935$，透射声压高于入射和反射声压，这是由于声压与声阻抗成正比。从声强方面看这里 $R + T = 0.875 + 0.125 = 1$，说明符合能量守恒，并且只有 12.5%的能量进入到钢中，所以真正的回波信号很微弱，需要利用电路放大器进行放大。

（2）当 $Z_2 < Z_1$ 时，反射波声压与入射波声压相位相反，反射波与入射波合成声压振幅减小。例如，超声波平面波垂直入射到钢/水界面，如图 1.8.3 所示。$Z_2 = 0.15\times10^6$ g/（cm²・s），$Z_1 = 4.5\times10^6$ g/（cm²・s），则

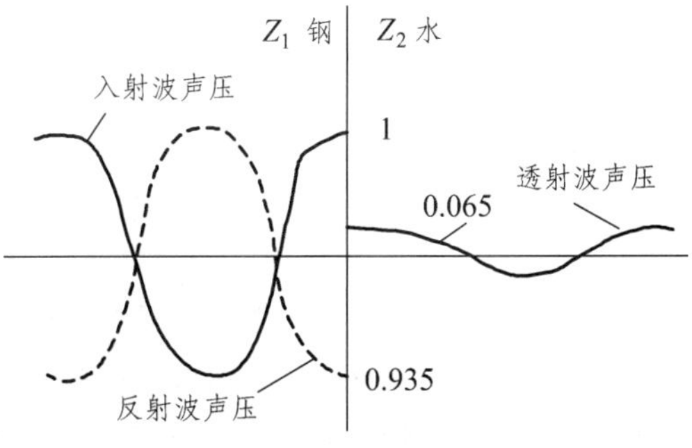

图 1.8.3　钢/水异质界面

$$r=\frac{p_r}{p_0}=\frac{Z_2-Z_1}{Z_2+Z_1}=\frac{0.15-4.5}{0.15+4.5}=-0.935$$

$$t=\frac{p_t}{p_0}=\frac{2Z_2}{Z_2+Z_1}=\frac{2\times0.15}{0.15+4.5}=0.065$$

$$R=r^2=0.935^2=0.875$$

$$T=\frac{4Z_1Z_2}{(Z_1+Z_2)^2}=\frac{4\times0.15\times4.5}{(4.5+0.15)^2}=0.125$$

以上表明，超声波垂直入射到钢/水界面时，声压反射率很高，其中负号（r 为负值）代表反射声压与入射声压相位相反。透射声压比反射声压低，是因为声压与声阻抗成正比。声强反射率与透射率与超声波直射到水/钢界面相同，由此可见，超声波垂直入射到某界面时的声强反射率与透射率与从何种介质入射无关。

（3）当 $Z_2 \ll Z_1$ 时，钢/空气界面，如图 1.8.4 所示，$Z_2=0.000\,04\times10^6$ g/(cm^2·s)，$Z_1=4.5\times10^6$ g/（cm2 · s），则

$$r=\frac{p_r}{p_0}=\frac{Z_2-Z_1}{Z_2+Z_1}=\frac{0.000\,04-4.5}{0.000\,04+4.5}\approx-1$$

$$t=\frac{p_t}{p_0}=\frac{2Z_2}{Z_2+Z_1}=\frac{2\times0.000\,04}{0.000\,04+4.5}\approx0$$

$$R=r^2=(-1)^2=1$$

$$T=1-R=0$$

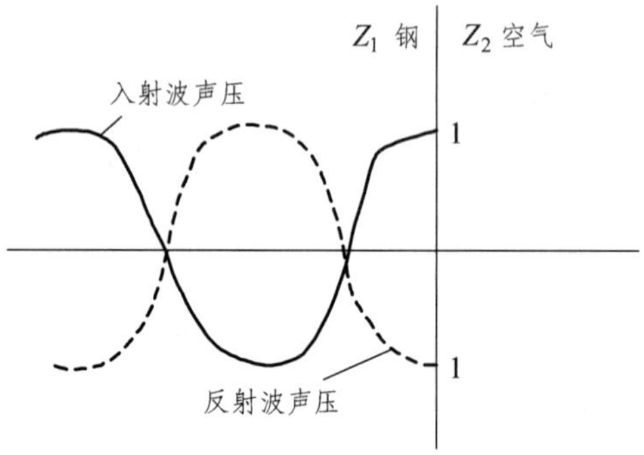

图 1.8.4　钢/空气异质界面

计算表明，当入射波介质声阻抗远大于透射波介质声阻抗时，声压反射率趋于－1，透射率趋于 0，即声压几乎全反射，无透射，只是反射波声压与入射波声压有 180°相位变化。

探伤中，探头直接放在钢轨上，钢轨与探头之间有层空气膜，则形成固/气（晶片/空气膜）界面，发生全反射，超声波将无法进入工件。所以常在探头与工件表面之间施加一层透声介质，即耦合剂。耦合剂的作用在于排除探头与工件表面之间的空气，使超声波能有效地传入工件，达到检测的目的。此外耦合剂还有减少摩擦的作用。

一般耦合剂应满足以下要求：

① 能润湿工件和探头表面，流动性、黏度和附着力适当，不难清洗。

② 声阻抗高，透声性能好。

③ 来源广，价格便宜。

④ 对工件无腐蚀，对人体无害，不污染环境。

⑤ 性能稳定，不易变质，能长期保存。

超声波检测中常用耦合剂有机油、变压器油、甘油、水、水玻璃等。它们的声阻抗 Z 见表 1.8.1。

表 1.8.1　常用耦合剂特性

耦合剂	声阻抗 $Z\times10^6$ / ($kg/m^2\cdot s$)	特　　性
水	1.5	来源广，价格低，常用于水浸检测和现场中钢轨母材探伤，但在实验室里水会使工件生锈，所以一般不用
机油	1.28	机油（见图 1.8.5）和变压器油黏度、流动性、附着力适当，对工件无腐蚀、价格也不贵，因此常用作钢轨焊缝探伤的耦合剂
甘油	2.43	甘油声阻抗高，透声性能好（相同工件甘油做耦合剂的反射回波比水反射回波高 6~7 dB），耦合性能好，常用于一些重要工件的精确检测，但价格较贵，对工件有腐蚀作用
水玻璃	2.17	水玻璃的声阻抗较高，常用于表面粗糙的工件检测，但清洗不太方便，且对工件有腐蚀作用

经验分享：近年来化学浆糊（见图 1.8.6）也常被用来作耦合剂，耦合效果比较好，现场有些职工拿洗洁精等作为临时耦合剂，取得了一定效果。在我国北方冬季滴水成冰，所以探伤中有时在水中加入酒精，以降低耦合剂的冰点，H_2O（70%）+C_2H_5OH（30%），可以在−20 °C的环境下使用。所以同学们在平常的学习和工作中也要敢于创新开拓思维。

图 1.8.5　机油

图 1.8.6　化学浆糊

（4）当 $Z_1 \approx Z_2$ 时，界面两侧介质的声阻抗近似相等时，如图 1.8.7 所示。如钢的淬火部分与非淬火部分及普通碳钢焊缝的母材与填充金属之间的声阻抗相差很小，一般为 1%左右。设 $Z_1 = 1$，$Z_2 = 0.99$，则

$$r = \frac{p_\mathrm{r}}{p_0} = \frac{Z_2 - Z_1}{Z_2 + Z_1} = \frac{0.99 - 1.00}{0.99 + 1.00} = -0.005$$

$$t = \frac{p_\mathrm{t}}{p_0} = \frac{2Z_2}{Z_2 + Z_1} = \frac{2 \times 0.99}{0.99 + 1.00} = 0.995$$

$$R = r^2 (-0.005)^2 = 0$$

$$T = 1 - R = 0.999\,975 \approx 1$$

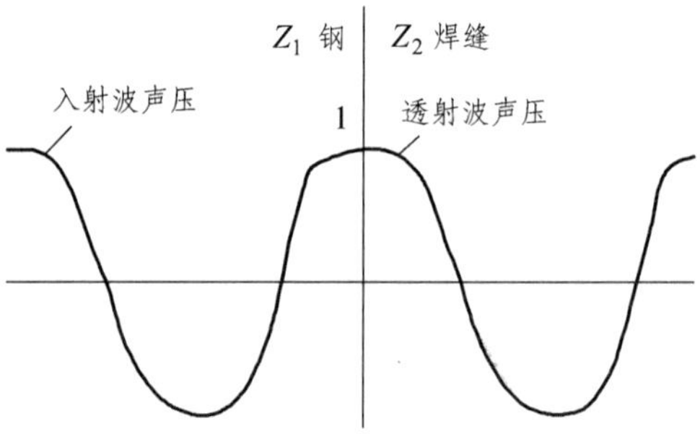

图 1.8.7　钢/空气异质界面

这说明超声波垂直入射到两种声阻抗相差很小的介质组成的界面时，几乎全透射，无反射。因此在焊缝探伤中，若母材与填充金属结合面没有任何缺陷，是不会产生界面回波的。

4. 超声波垂直入射双层界面时的反射和透射

超声波探伤中，经常会遇到垂直入射双层平行界面的情况，具体可分为两种情况：

（1）$Z_1 = Z_3 \neq Z_2$，如图 1.8.8 所示。

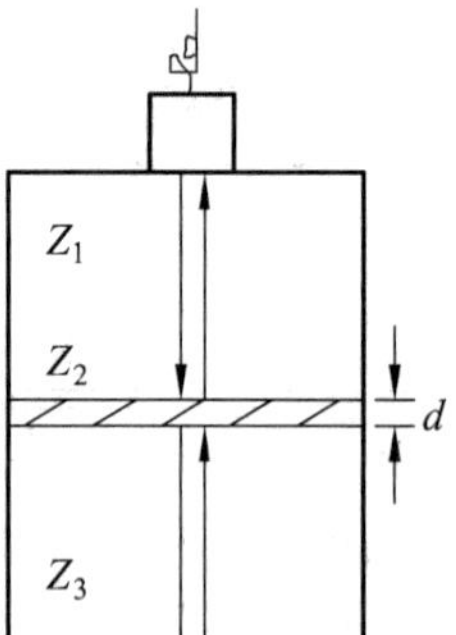

图 1.8.8　介质中夹层

$$r = \sqrt{\frac{\frac{1}{4}\left(m - \frac{1}{m}\right)^2 \sin^2 \frac{2\pi d}{\lambda}}{1 + \frac{1}{4}\left(m - \frac{1}{m}\right)^2 \sin^2 \frac{2\pi d}{\lambda}}}$$

$$t=\frac{1}{\sqrt{1+\frac{1}{4}\left(m-\frac{1}{m}\right)^2\sin^2\frac{2\pi d}{\lambda}}}$$

式中：$m=Z_1/Z_2$，d 为第二介质（缺陷）厚度，λ 为第二介质（缺陷）的波长。可以看出声压反射率与厚度有关，若缺陷厚度为 $d=(2n-1)\lambda/4$（n=1，2，3，…），即 1/4 波长的奇数倍时，r 最大，$t=0$，此时缺陷最容易被发现；当厚度 $d=n\lambda/2$（n=1，2，3，…），即半波长的整数倍时，$r=0$，$t=1$，发生全透射，此时缺陷处无回波反射，缺陷漏检，呈现半波透声现象。为了提高缺陷声压反射率，可采取改变探伤工作频率，增加缺陷的反射声压，有利于缺陷检测，但改变后的频率不能是原频率的整数倍。

灰斑为什么难以发现：很多人以为现场焊缝探伤中光斑和灰斑往往很难发现，是因为发生了半波透声现象，但是实际上探头的频率非单一频率，是在一定范围内的频谱，所以真正难发现光斑和灰斑的原因是两者的声阻抗接近，$m=1$，$r=0$，$t=1$，并且光斑和灰斑厚度很薄，当 $d\to 0$ 时，r 越小，t 越大。

在实际生产中我们有的时候会遇到钢制保护膜，在探测钢轨时，探头保护膜、钢轨、耦合剂就构成了 $Z_1=Z_3\neq Z_2$，为了让超声波顺利进入钢中，此时要求发生全透射，方法是让耦合层的厚度为耦合层中半波长的整数倍（$d=n\lambda/2$）。

（2）$Z_1\neq Z_2\neq Z_3$。

很多情况下，我们探头的保护膜不是钢制的，此时探头保护膜、耦合层、钢轨之间构成 $Z_1\neq Z_2\neq Z_3$，要实现良好的透声性，就应注意耦合层材料的声阻抗和厚度的选择，一般耦合剂的声阻抗 $Z_2=\sqrt{Z_1\cdot Z_3}$，其厚度为 1/4 波长的奇数倍时透声性最好。在路轨仪 0°探头里面都有延时块、耦合剂、保护靴，三者之间也构成 $Z_1\neq Z_2\neq Z_3$，若选择不恰当的耦合剂或是耦合剂厚度过厚都会使探伤灵敏度下降。实际生产中耦合剂的厚度很难掌控，实践证明在排除空气的情况下，耦合剂越薄效果越好，薄到一定程度就可以忽略不计这一层的能量损失。

5. 声压往复透射率（见图 1.8.9）

透射声波无损失（如固/气界面产生全反射）地反射，返回到接收处的声压 p_a 与入射波声压 p_0 之比，称为声压往复透射率，声压往复透射率高低直接影响检测灵敏度高低，往复透射率越高，收到的回波信号越强，出波越明显。声压往复透射率在数值上与声强透射率相等。

$$\begin{aligned}t_P&=\frac{p_a}{p_0}=\frac{p_t}{p_0}\cdot\frac{p_a}{p_t}\\&=\frac{2Z_2}{(Z_1+Z_2)}\cdot\frac{2Z_1}{(Z_1+Z_2)}\\&=\frac{4Z_1Z_2}{(Z_1+Z_2)^2}\end{aligned}$$

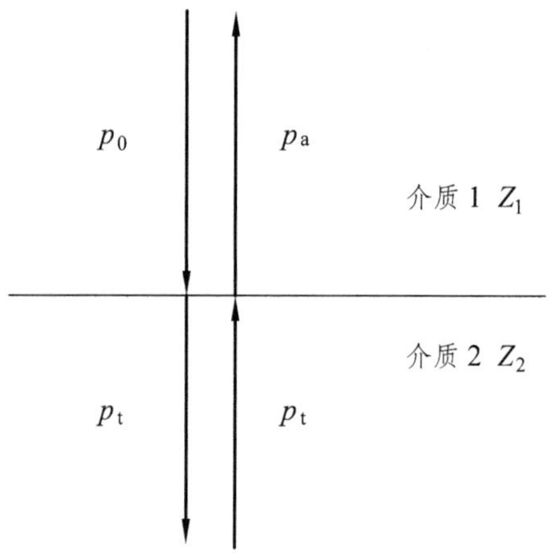

图 1.8.9　声压往复透射率

二、实训部分

探头保护靴施加耦合剂方法

1. 实训目的

现场钢轨探伤中探头保护靴磨耗后或者进入空气后需要经常更换，更换过程中需要施加耦合剂，通过本次实训可以使同学们掌握此技术。

2. 实训设备及备品

组合探头、螺丝刀、水、机油、化学糨糊、洗洁精、凡士林、AB 胶、美工刀、抹布等。

3. 实训方法及步骤

（1）拆除探头保护靴、并利用美工刀和抹布清除探头面上的污物。

（2）施加耦合剂，挤压，观察耦合效果。

（3）拧紧螺丝，再次检查耦合情况，备用。

（4）实训结束后，整理仪器设备，关闭电源，恢复实验前的状态，并填写试验报告。

【二维码视频】

更换保护靴及添加耦合剂

【本节附加说明】

1. 本节主要由湖南高速铁路职业技术学院马占生负责编写。
2. 本节视频由湖南高速铁路职业技术学院马占生、郭庆、王月坤录制。

施加耦合剂实训报告

1. 基本信息

日期：　　　　年　　　月　　　日　　　　　　　　天气：

班级：　　　　　　　　　　　　　　　　　　　　　姓名：

组别：　　　　　　　　　　　　　　　　　　　　　实训地点：

2. 实训的意义

3. 实训设备及备品

4. 实训步骤

5. 心得体会

6. 考核评价

任务九　识别临界角内不同波形

超声波斜入射至异质界面及临界角内不同波形识别任务单	
任务描述	掌握了第一临界角、第二临界角、第三临界角知识，有利于对纵波探伤、横波探伤的理解，本次任务为识别临界角内不同波形，并完成实训报告
任务知识点与技能点	知识点：超声波倾斜入射至异质界面的反射、折射及临界角。 技能点：识别临界角内不同波形
任务实施	1. 观看《超声波斜入射至异质界面》理论视频，掌握超声波斜入射异质界面相关知识； 2. 观看《不同临界角入射原理解析》实作视频，掌握纵波探伤、横波探伤中波形出波特点； 3. 在钢轨探伤基地，分组作业，利用可变角探头，完成不同临界角状态下，仪器出波的情况，并完成实训报告
评分标准	1. 团队合作等职业素养 30 分； 2. 知识掌握情况 20 分； 3. 波形识别及出波情况 40 分； 4. 实训报告 10 分
本任务职业素养要求	实践出真知、团队合作

一、理论部分

超声波斜入射至异质界面（课件）　　　　超声波斜入射至异质界面（微课）

当超声波倾斜入射到异质界面时，除产生反射、折射（透射）现象外，还往往伴随着波形转换现象，即产生与入射波不同类型的反射波和折射波。这种现象只发生在斜入射且介质为固体（因为液、气体介质中只能传播纵波）的场合，并与界面两侧介质的状态有关。

1. 超声波倾斜入射至异质界面的反射

超声波倾斜入射至异质界面的反射跟光在镜面上的反射不同，一束光斜入射至镜面反射出去的仍是一束光，而超声波则不然，一束超声波斜入射反射出去有两束超声波，其中一束是横波一束是纵波，这种现象叫波形转换（见图 1.9.1）。

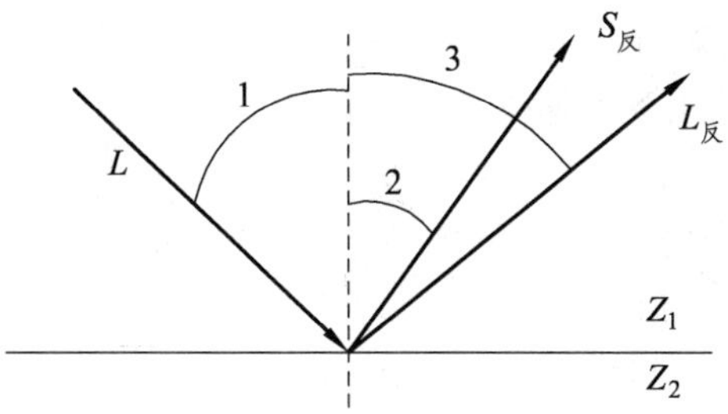

图 1.9.1　超声波反射

在反射过程中遵循折射定律：

$$\frac{\sin\angle 1}{c_1}=\frac{\sin\angle 2}{c_2}=\frac{\sin\angle 3}{c_3}$$

式中　$\angle 1$——入射纵波的入射角；

c_1——入射纵波的速度；

$\angle 2$——反射横波的反射角；

c_2——反射横波的速度；

$\angle 3$——反射纵波的反射角；

c_3——反射纵波的速度。

反射过程中各波形角度关系：在同一个介质中反射纵波和入射纵波的速度相同，即 $c_1=c_3$，根据反射定律 $\angle 1=\angle 3$；同一种介质中纵波的速度大于横波的速度，即 $c_1>c_2$，根据反射定律 $\angle 1>\angle 2$。结论：在反射过程当中速度相同角度相等，速度大的角度大。

2. 超声波倾斜入射时的折射

超声波倾斜入射至异质界面超声波的传播线路发生改变，这种现象叫折射，在折射过程中也发生了波形转换，即一束超声波斜入射折射出两束超声波，其中一个是横波一个是纵波，如图 1.9.2 所示。

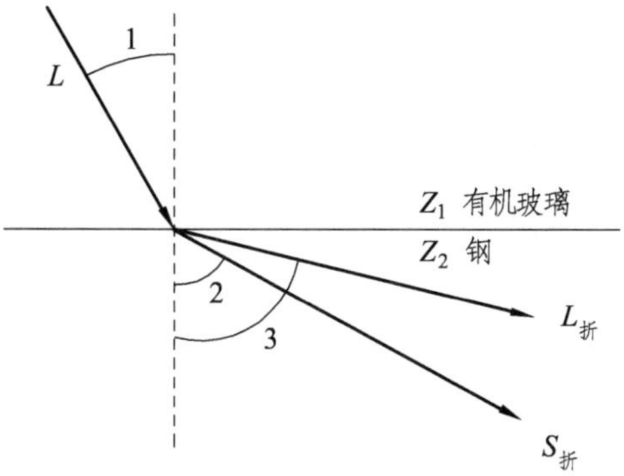

图 1.9.2　纵波斜入射的折射图形

在折射过程中遵循折射定律：

$$\frac{\sin\angle 1}{c_1}=\frac{\sin\angle 2}{c_2}=\frac{\sin\angle 3}{c_3}$$

式中　$\angle 1$——入射纵波的入射角；

c_1——入射纵波在有机玻璃的速度；

$\angle 2$——折射横波的折射角；

c_2——折射横波在钢中的速度；

$\angle 3$——折射纵波的折射角；

c_3——折射纵波在钢中的速度。

折射过程中各波形角度关系：因折射定律与反射定律数学表达式一样，所以推导出一样的结论，即速度相同角度相等，速度大的角度大，所以 $\angle 1 < \angle 2 < \angle 3$ 。

超声波倾斜入射实际应用：

斜探头在检测钢轨时，探头内部的压电晶片发送纵波，在有机玻璃和钢的异质界面上既发生反射又发生折射（见图 1.9.3）。反射出去的纵波和横波被探头内消声槽和阻尼块吸收，折射入钢轨的纵波和横波用于探伤，但是钢轨内既有横波又有纵波，仪器上显示伤波波形后无法确定到底是横波发现的还是纵波发现的，对伤损的判定及定位产生了干扰，这该如何解决呢？

3. 临界角

定义：超声波在斜入射至异界面时，当入射角超过某一值时，反射或者折射的某种特定波形不再存在，则相应的入射角称为临界角。

（1）第一临界角。

在折射过程中，当入射角增大时折射角也随之增大，当折射纵波的折射角达到 90°时，称此时入射纵波的入射角为第一临界角（见图 1.9.4），用符号 α_{I} 表示。对于有机玻璃与钢的界面，通过折射定律求得 α_{I} =27.6°。产生第一临界角的前提是 $c_1 < c_3$ ，当入射角大于第一临界角，第二介质中不再有折射纵波。

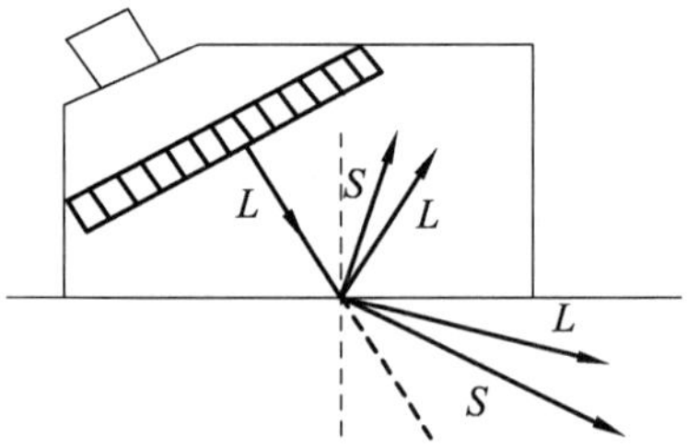

图 1.9.3　超声波斜入射的应用

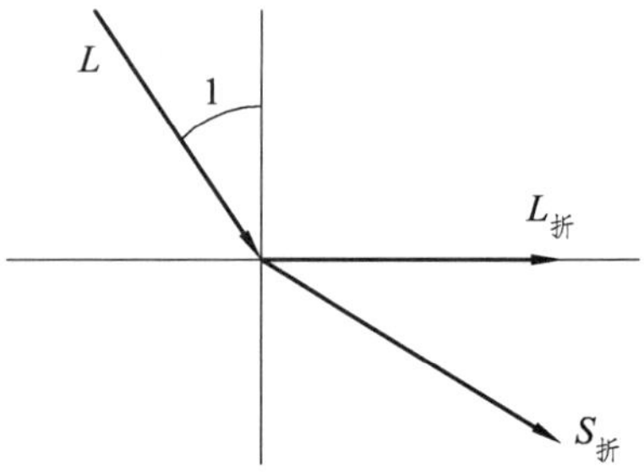

图 1.9.4　第一临界角

$$\frac{\sin\angle 1}{c_1}=\frac{\sin\angle 3}{c_3} \qquad \frac{\sin\angle 1}{2\,730}=\frac{\sin 90^\circ}{5\,900}$$

$$\sin\angle 1 = 0.462\,7 \qquad \angle 1 = 27.6^\circ$$

实践中，请注意：

入射角为第一临界角，折射纵波的折射角为 90°，理论上纵波在钢的表面平行传播，但实际上通过主声束特性图（见图 1.9.5）可以看出，此时超声波最大能量方向并不在纵波方向也不在横波方向，而是与介质表面呈一角度，此处的质点振动是纵波和横波的叠加，这种现象称之为爬波，这种探头称为爬波探头。爬波的声速为纵波声速的 0.9 倍，并在工件表面下传播，可以用来检测钢轨踏面下裂纹、表面和近表面伤损，不过爬波衰减快，传播距离短，只有在伤损附近时才能有回波反射。

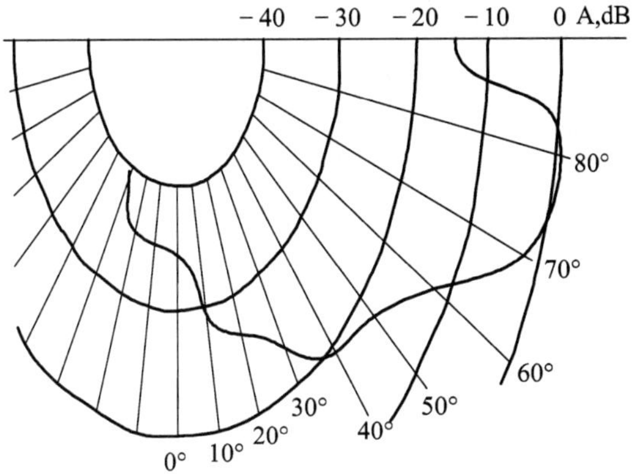

图 1.9.5 主声束特性

（2）第二临界角。

在折射过程中，当入射角增大时折射角也随之增大，当折射横波的折射角达到 90°时，称此时入射纵波的入射角为第二临界角（见图 1.9.6），用符号 α_{II} 表示。对于有机玻璃与钢的界面，通过折射定律求得 $\alpha_{\text{II}}=57.7°$。产生第二临界角的前提是 $c_1 < c_2$，当入射角大于第二临界角，第二介质中不再有任何波形。

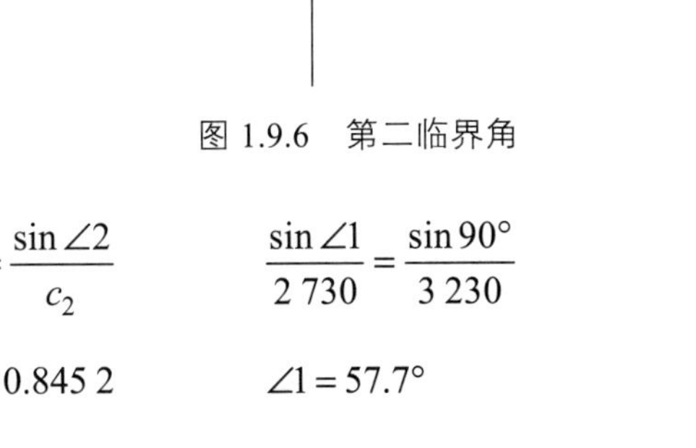

图 1.9.6 第二临界角

$$\frac{\sin\angle 1}{c_1}=\frac{\sin\angle 2}{c_2} \qquad \frac{\sin\angle 1}{2\,730}=\frac{\sin 90°}{3\,230}$$

$$\sin\angle 1=0.845\,2 \qquad \angle 1=57.7°$$

小编总结：若第一介质中的纵波入射角小于第一临界角，则第二介质中既存在纵波又存在横波；若第一介质中的纵波入射角在第一临界角和第二临界角之间，则在第二介质中只有横波；若第一介质中的纵波入射角大于第二临界角，则在第二介质内部无任何波形。

制作斜探头时，探头入射角一般选择 27.6°~57.7°（第一临界角和第二临界角之间），此时钢中只有横波，所以斜探头主要利用横波探伤。通过验证分析：在有机玻璃/钢的异质界面，折射横波声压往复透射率与入射角有关，当入射角为 30°时，往复透射率最高（见图 1.9.7），通过计算，此时钢中的横波折射角为 36.3°，可以很好地检测出螺孔斜裂纹（超声波与裂纹取向良好），通常称这种探头为 37°探头或者 30°探头。

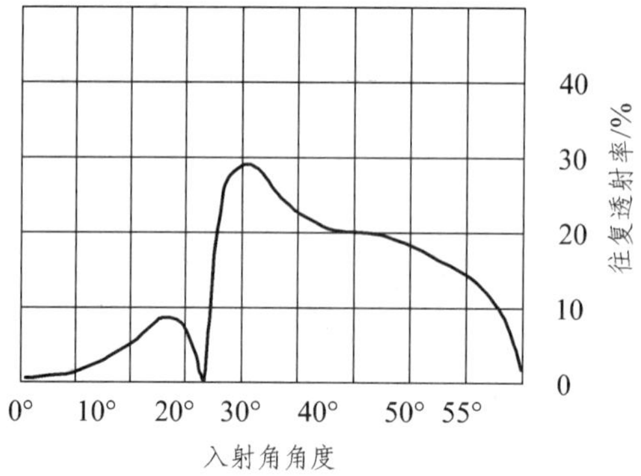

图 1.9.7　入射角度与往复透射率关系

$$\frac{\sin\angle 1}{c_1}=\frac{\sin\angle 2}{c_2}\qquad \frac{\sin 30^\circ}{2\,730}=\frac{\sin\angle 2}{3\,230}$$

$$\sin\angle 2=0.591\,6\qquad \angle 2=36.3^\circ$$

当斜探头有机玻璃斜楔入射角大于第二临界角时（通过折射定律计算为 70°），折射声波全部沿着工件表面传播，形成表面波。表面波沿工件表面传播，遇转角或棱角时将有强烈反射回波，工件表面的缺陷也相当于有一定曲率的棱角，也有强烈的反射，利用这一原理可用于工件表面探伤，如图 1.9.8 所示。

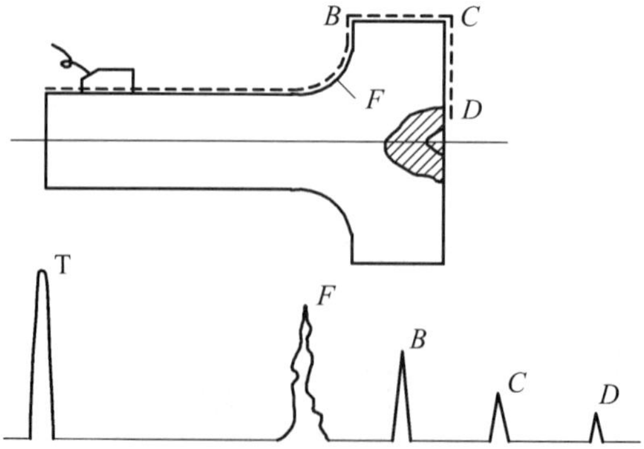

图 1.9.8　表面波探伤示意图

$$\frac{\sin\angle 1}{c_1}=\frac{\sin\angle 2}{c_2} \qquad \frac{\sin\angle 1}{2\,730}=\frac{\sin 90^\circ}{0.9\times 3\,230}$$

$$\sin\angle 1 = 0.939\,1 \qquad \angle 1 = 70^\circ$$

（3）第三临界角。

在反射过程中，随着入射角的增加，反射角也在增大，当反射纵波的反射角达到 90°时，称此时入射横波的入射角为第三临界角（见图 1.9.9），用 α_{III} 表示。在钢中第三临界角利用反射定律求得 $\alpha_{\text{III}}=33.2^\circ$。

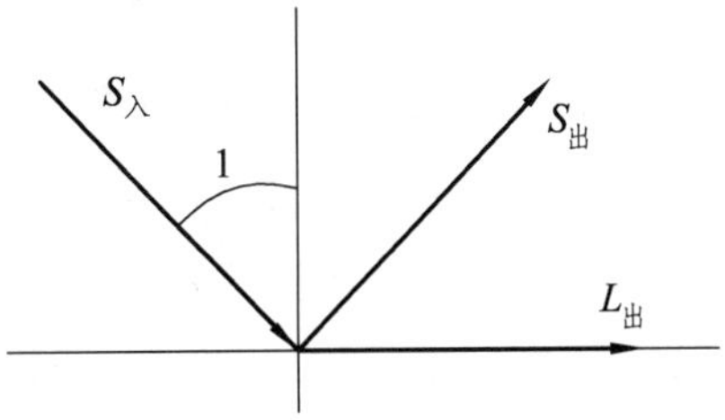

图 1.9.9　第三临界角

$$\frac{\sin\angle 1}{c_1}=\frac{\sin\angle 3}{c_3} \qquad \frac{\sin\angle 1}{3\,230}=\frac{\sin 90^\circ}{5\,900}$$

$$\sin\angle 1 = 0.547\,5 \qquad \angle 1 = 33.2^\circ$$

实际钢轨探伤过程中，由于钢轨形状不规则，有些地方一次波无法打到，常需要二次波进行探伤作业，如轨头探伤。当折射横波在钢中传播遇到轨头下颚时（钢/空气界面），便会产生反射横波和反射纵波，为了避免反射波中有两种波形，会对探伤造成干扰，需要保证横波入射角 β 大于第三临界角（33.2°），如图 1.9.10 所示。

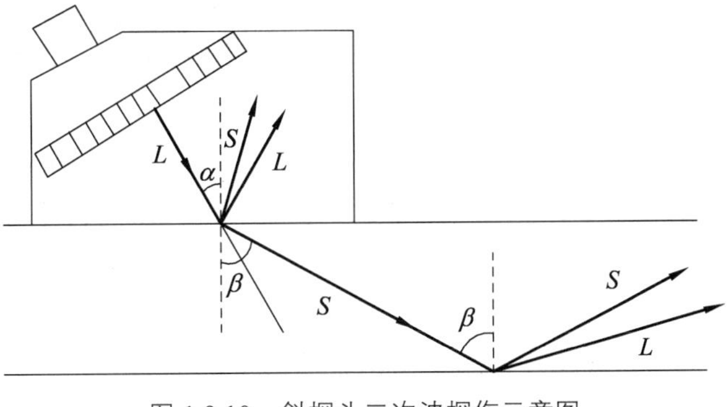

图 1.9.10　斜探头二次波探伤示意图

通常使斜探头入射角 α 为 51.7°，通过折射定律计算钢中横波折射角 β 为 68.2°，根据几何关系，此时横波入射角也为 68.2°并大于第三临界角，所以此时钢中反射出去的二次波里面只有横波。通过验证分析：在钢/空气的异质界面，入射角为 68.2°时，反射横波的声压发射率接近 100%（见图 1.9.11），且反射横波往往与轨头伤损缺陷取向良好，通常称此斜探头为 70°探头或 50°探头。

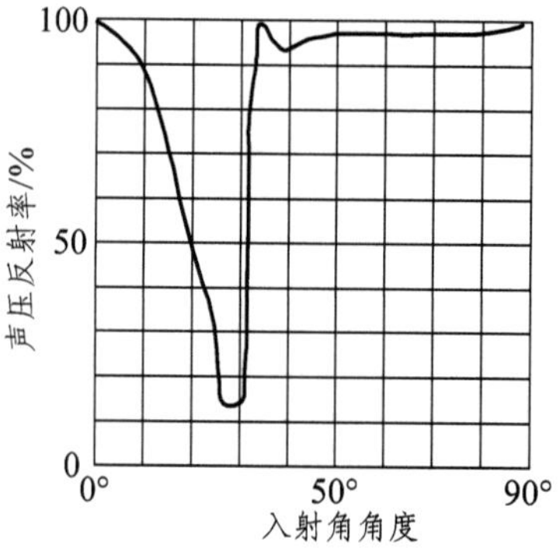

图 1.9.11　横波入射至钢/空气界面的声压发射率

$$\frac{\sin\angle 1}{c_1}=\frac{\sin\angle 2}{c_2} \qquad \frac{\sin 51.7^\circ}{2\,730}=\frac{\sin\angle 2}{3\,230}$$

$$\sin\angle 2 = 0.928\,5 \qquad \angle 2 = 68.2^\circ$$

实践是检验真理的唯一标准，理论知识同样可以通过实作来检验。同学们可以通过可变角探头改变入射角的角度，观察不同临界角内超声波进入钢中的波形，验证理论的准确性。

二、实训部分

识别临界角内不同波形

1. 实训目的

通过可变角探头改变入射角的角度，来观察进入到钢中的各种波形，加强对超声波的认知。

2. 实训设备及备品

通用探伤仪、CSK-1A 试块、WGT-3 试块、可变角探头、探头线、机油及小桶、毛刷。

3. 实训方法及步骤

（1）连接仪器，并做相应调试，此步骤可由教师完成。

（2）使探头入射角置于第一临界角和第二临界角之间，观察横波检出 CSK-1A 试块的 100 mm 圆弧波。

（3）使探头入射角置于大于第二临界角，观察表面波出现的棱角波，并用手沾油拍打测试效果。

（4）使探头入射角置于小于第一临界角，观察纵波和横波检出 CSK-1A 试块的 100 mm 圆弧波。

（5）实训结束后，整理仪器设备，关闭电源，恢复实验前的状态，并填写实训报告。

【二维码视频】

不同临界角入射原理解析

【本节附加说明】

1. 本节主要由湖南高速铁路职业技术学院马占生负责编写。
2. 本节视频由湖南高速铁路职业技术学院马占生、郭庆、王月坤录制。

临界角内不同波形识别实训报告

1. 基本信息

日期：　　　年　　　月　　　日　　　　　天气：

班级：　　　　　　　　　　　　　　　　　姓名：

组别：　　　　　　　　　　　　　　　　　实训地点：

2. 实训的意义

3. 实训设备及备品

4. 实训步骤

5. 心得体会

6. 考核评价

任务十　DAC 曲线制作

超声波声压公式及焊缝 DAC 曲线制作任务单	
任务描述	掌握各种规则反射体的反射特征及其反射声压知识，便于理解 DAC 曲线定量伤损的本质，本次任务为 DAC 曲线制作，并完成实训报告
任务知识点与技能点	知识点：各种规则反射体的反射及其反射声压、相对分贝差。 技能点：DAC 曲线制作技巧及应用
任务实施	1. 观看《超声波的声压公式》理论视频，掌握反射声压、相对分贝差相关知识； 2. 观看《0°DAC 曲线》《大 K2.5DAC 曲线》《小 K2.5DAC 曲线》《K1DAC 曲线》实作视频，掌握焊缝探伤各种探头 DAC 曲线制作技巧，并应用于焊缝检测； 3. 在钢轨探伤基地，分组作业，找到 2.5P20、2.5P13*13K1、2.5P13*13K2.5、2.5P9*9K2.5 四种探头，分别制作 DAC 曲线，并对轨头、轨腰、轨底部位的伤损进行评估，完成实训报告
评分标准	1. 团队合作等职业素养 30 分； 2. 知识掌握情况 20 分； 3. DAC 曲线制作及应用成效 40 分； 4. 实训报告 10 分
本任务职业素养要求	知行合一、团结协作

一、理论部分

超声波的声压公式（课件）　　　　超声波的声压公式（微课）

1. 各种规则反射体的反射及其反射声压

在远场区中，声束轴线上的声压变化随距离的增加呈单调下降，远场中的入射声压 p 基本可按球面波的声压变化规律计算：

$$p = p_0 \frac{\pi D^2}{4\lambda X} = p_0 \frac{A}{\lambda X} \tag{1.10.1}$$

式中　D——晶片直径；

A——晶片面积；

X——声程；

λ——波长。

（1）大平面（底面）的反射（见图 1.10.1）。

远场中的大平底 B，离声源距离为 X_B，则大平底上的入射声压为

$$p = p_0 \frac{\pi D^2}{4\lambda X_B} \tag{1.10.2}$$

式中　X_B——声程。

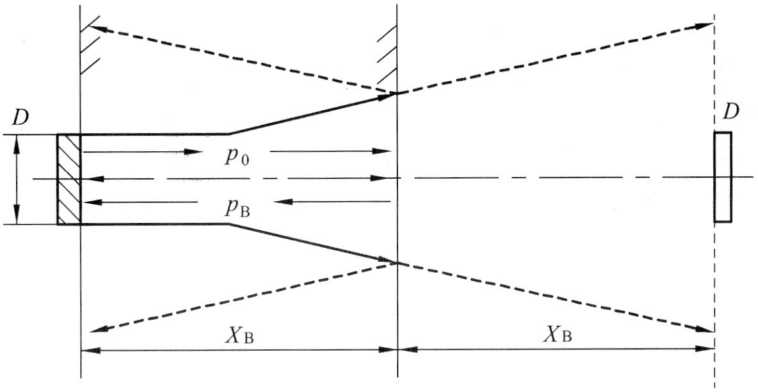

图 1.10.1　大平底面的反射

若把大平底看作镜面反射，则反射到晶片的声压 p_B，相当于传播 $2X_B$ 声程，则为入射声压的一半，则大平底上的反射声压 p_B 为

$$p_B = p \cdot \frac{1}{2} = p_0 \frac{\pi D^2}{4\lambda X_B} \cdot \frac{1}{2} \tag{1.10.3}$$

（2）圆形（平底孔底面）或方形平面的反射（见图 1.10.2）。

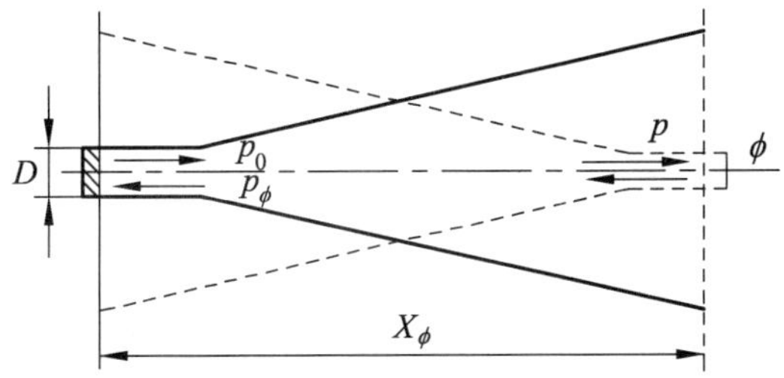

图 1.10.2　平底孔底面的反射

平底孔的定义：从工件底部或者侧边钻孔，孔的顶部或者端部要求平齐，这样的孔称之为平底孔，平底孔的制作要求较高，孔的尺寸要精确，孔的垂直度偏差要很小，平底面的光洁度要高。平底孔返回声压随孔径和距离变化规律性较好，因此在纵波直探头探伤中几乎都用平底孔作为评价基准和参考反射体。

离探头晶片距离 X_ϕ 处，有一直径为 ϕ 的平底孔（ $\phi < D$ ），则入射声压为

$$p = \frac{\pi D^2}{4\lambda X_\phi} \tag{1.10.4}$$

把平底孔看作为一个直径为 ϕ 的新声源，则入射声压 p 就是新声源的起始声压，所以晶片上接受到的平底孔声压 p_ϕ 为

$$p_\phi = p_0 \frac{\pi D^2}{4\lambda X_\phi} \cdot \frac{\pi \phi^2}{4\lambda X_\phi} \tag{1.10.5}$$

（3）圆柱面的反射。

若圆柱体直径为 ϕ ，长为 L，晶片至反射体距离为 X_ϕ ，当 $\phi/\lambda \geqslant 2$ 时，则有两种情况：

① 长横孔（见图 1.10.3）。

长横孔的定义：孔长大于声束直径的圆柱孔称为长横孔。当长横孔贯通试块时又可称为横通孔。长横孔作为参考反射体主要有三个原因：a. 焊缝中出现的缺陷多为长条形，长横孔的反射规律与之相近；b. 圆柱面具有各向对称性，能适应不同角度的斜探头；c. 长横孔反射声压的规律性较好，制作出的距离波幅曲线较为圆顺。

当圆柱体 ϕ 的长度大于声束直径时，其入射声压 p 为

$$p = \frac{\pi D^2}{4\lambda X_\phi} \tag{1.10.6}$$

反射声压 p_ϕ 为

$$p_\phi = p_0 \frac{\pi D^2}{4\lambda X_\phi} \cdot \frac{1}{2}\sqrt{\frac{\phi}{2X_\phi}} \tag{1.10.7}$$

式中　ϕ——长横孔直径。

长横孔的反射波具有柱面波的性质，因此其反射声压的后一部分与孔径平方根成正比，与声程平方根成反比。

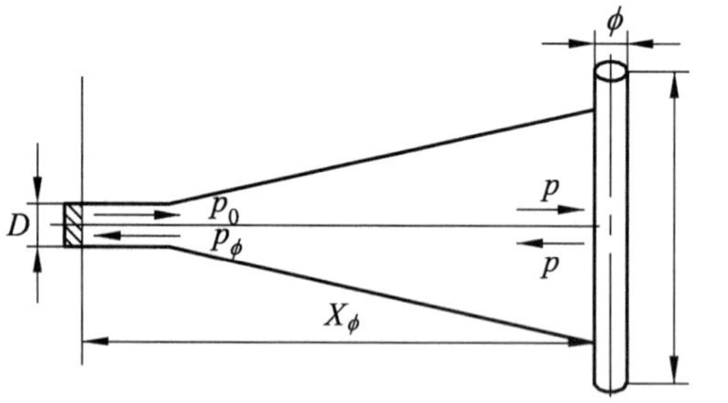

图 1.10.3　长横孔侧面的反射

② 短横孔（见图 1.10.4）。

短横孔的定义：孔长大于孔径，但小于声束直径的圆柱孔称为短横孔。它的反射声压变化规律在近场区类似于长横孔，在远场区接近平底孔，它也能使用不同角度的探头。短横孔加工难度较大，为了克服边界效应，在试块的侧面还要加工一个半圆弧，这种试块是我国独有的。

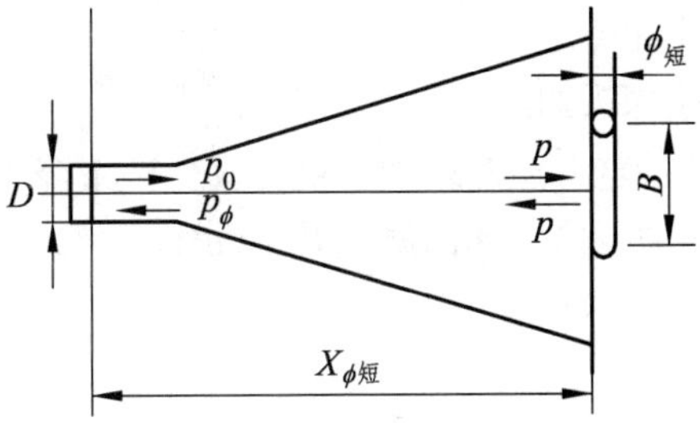

图 1.10.4　短横孔侧面的反射

当圆柱体 $\phi_短$ 的长度 L 小于声束直径时，反射声压 $p_{\phi短}$ 为

$$p_{\phi短}=p_0\frac{\pi D^2}{4\lambda X_{\phi短}}\cdot\frac{L}{2X_{\phi短}}\sqrt{\frac{\phi_短}{\lambda}} \tag{1.10.8}$$

式中　$\phi_短$——短横孔直径。

（4）球形面的反射（见图 1.10.5）。

球体直径为 d，且小于声束直径，球面前沿离晶片距离 X_d，则反射声压 p_d 为

$$p_d=p_0\frac{\pi D^2}{4\lambda X_d}\cdot\frac{d}{4X_d} \tag{1.10.9}$$

式中　d——球孔直径。

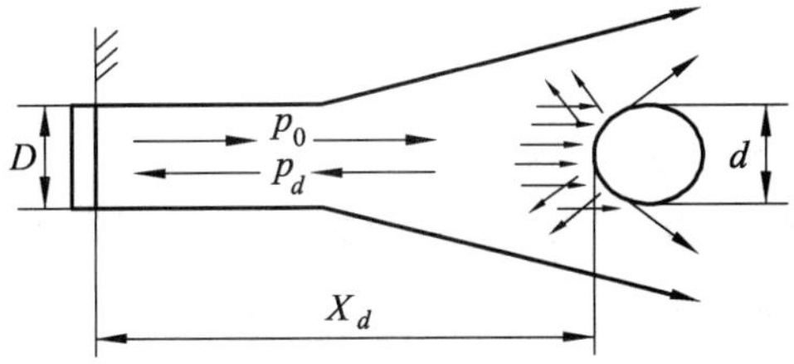

图 1.10.5　球孔侧面的反射

从以上 5 个规则反射体声压计算公式可知，返回晶片的声压大小与入射声压 p 和反射体形状、尺寸有关。

2. 相对分贝差

（1）平底孔对平底孔分贝差。

$$\varDelta=20\lg\frac{p_1}{p_2}=20\lg\frac{\dfrac{p\pi D^2}{4\lambda X_1}\cdot\dfrac{\pi\phi_1^2}{4\lambda X_1}}{\dfrac{p\pi D^2}{4\lambda X_2}\cdot\dfrac{\pi\phi_2^2}{4\lambda X_2}}=40\lg\frac{\phi_1}{\phi_2}+40\lg\frac{X_2}{X_1} \tag{1.10.10}$$

式中　ϕ_1——第一个平底孔的直径；

X_1——第一个平底孔距探头的距离；

ϕ_2——第二个平底孔的直径；

X_2——第二个平底孔距探头的距离。

由上式可知：平底孔直径一定，距离增加一倍，其回波下降 12 dB；

平底孔距离一定，直径增加一倍，其回波上升 12 dB。

（2）大平底对大平底分贝差。

$$\Delta = 20\lg\frac{p_1}{p_2} = 20\lg\frac{\dfrac{p\pi D^2}{4\lambda X_1}\cdot\dfrac{1}{2}}{\dfrac{p\pi D^2}{4\lambda X_2}\cdot\dfrac{1}{2}} = 20\lg\frac{X_2}{X_1} \tag{1.10.11}$$

式中　X_1——第一个底面距探头的距离；

X_2——第二个底面距探头的距离。

由上式可知：大平底距离增加一倍，其回波下降 6 dB。

（3）长横通孔对长横通孔分贝差。

$$\Delta = 20\lg\frac{p_1}{p_2} = 20\lg\frac{\dfrac{p\pi D^2}{4\lambda X_1}\cdot\dfrac{1}{2}\sqrt{\dfrac{\phi_1}{2X_1}}}{\dfrac{p\pi D^2}{4\lambda X_2}\cdot\dfrac{1}{2}\sqrt{\dfrac{\phi_2}{2X_1}}} = 10\lg\frac{\phi_1}{\phi_2} + 30\lg\frac{X_2}{X_1} \tag{1.10.12}$$

式中　ϕ_1——第一个长横孔的直径；

X_1——第一个长横孔距探头的距离；

ϕ_2——第二个长横孔的直径；

X_2——第二个长横孔距探头的距离。

由上式可知：长横孔直径一定，距离增加 1 倍，其回波下降 9 dB；

长横孔距离一定，直径增加 1 倍，其回波上升 3 dB。

（4）短横通孔对短横通孔分贝差。

$$\Delta = 20\lg\frac{p_1}{p_2} = 20\lg\frac{\dfrac{p\pi D^2}{4\lambda X_1}\cdot\dfrac{L_1}{2X_1}\sqrt{\dfrac{\phi_1}{\lambda}}}{\dfrac{p\pi D^2}{4\lambda X_2}\cdot\dfrac{L_2}{2X_2}\sqrt{\dfrac{\phi_2}{\lambda}}} = 10\lg\frac{\phi_1}{\phi_2} + 20\lg\frac{L_1}{L_2} + 40\lg\frac{X_2}{X_1} \tag{1.10.13}$$

式中　ϕ_1——第一个短横孔的直径；

X_1——第一个短横孔距探头的距离；

L_1——第一个短横孔的长度；

ϕ_2——第二个短横孔的直径；

X_2——第二个短横孔距探头的距离；

L_2——第二个短横孔的长度。

由上式可知：短横孔直径和长度一定，距离增加一倍，其回波下降 12 dB；

短横孔直径和距离一定，长度增加一倍，其回波上升 6 dB；

短横孔长度和距离一定，直径增加一倍，其回波上升 3 dB。

（5）球孔对球孔分贝差。

$$\varDelta = 20\lg\frac{p_1}{p_2} = 20\lg\frac{\dfrac{p\pi D^2}{4\lambda X_1}\cdot\dfrac{d_1}{4X_1}}{\dfrac{p\pi D^2}{4\lambda X_2}\cdot\dfrac{d_2}{4X_2}} = 20\ \lg\frac{d_1}{d_2} + 40\lg\frac{X_2}{X_1} \tag{1.10.14}$$

式中　d_1—— 第一个球孔的直径；

X_1—— 第一个球孔距探头的距离；

d_2—— 第二个球孔的直径；

X_2—— 第二个球孔距探头的距离。

由上式可知：球孔直径一定，距离增加一倍，其回波下降 12 dB；

球孔距离一定，直径增加一倍，其回波上升 6 dB。

（6）平底孔对大平底分贝差。

$$\varDelta = 20\lg\frac{p_1}{p_2} = 20\lg\frac{\dfrac{p\pi D^2}{4\lambda X_1}\cdot\dfrac{\pi\phi_1^2}{4\lambda X_1}}{\dfrac{p\pi D^2}{4\lambda X_2}\cdot\dfrac{1}{2}} = 20\ \lg\frac{\pi\phi_1^2 X_2}{2\lambda X_1^2} \tag{1.10.15}$$

式中　ϕ_1 ——平底孔的直径；

X_1——平底孔距探头的距离；

λ——波长；

X_2——大平底距探头的距离。

3. 调节探伤灵敏度

例：检查监控车间主任给新进职工一个频率为 2.5 MHz，ϕ20 的直探头，要求用仪器检测 60 轨时直径 ϕ2 以上的缺陷，不漏检，请问小王该如何调节探伤灵敏度（不计表面耦合差）？

解题思路：调整探伤灵敏度的意思就是通过调整仪器上的 dB 值，使钢轨内 ϕ2 以上的伤损不漏检。因距离越长，能量衰减越大，只要保证钢轨最底部 ϕ2 的孔的回波高度达到 80%，那么其他部位 ϕ2 及其以上的伤损都会在 80%以上。因本案例中未给明其他已知孔洞，只能利用钢轨轨底（大平底）作为参考物，所以这道题就演变成求工件最底部 ϕ2 孔与大平底的分贝差计算，因为是直探头探伤，往往默认该孔为平底孔。

解：已知 $X_1 = 176\ \text{mm}$，$X_2 = 176\ \text{mm}$，$\phi_1 = 2\ \text{mm}$ 所以利用工件底面调节灵敏度的变化量为

$$\varDelta = 20\lg\frac{p_1}{p_2} = 20\lg\frac{\pi\phi_1^2 X_2}{2\lambda X_1^2} = 20\ \lg\frac{\pi\cdot 2^2\times 176}{2\times\dfrac{5.9}{2.5}\times 176^2} = -36(\text{dB})$$

调整时将工件底面回波为基准高度（80%）后，再增益 36 dB，即达到要求。

4. 缺陷当量计算

例：某探伤车间高级技师伍某用 2 MHz、ϕ20 直探头发现 60 轨距探测面 100 mm 处有一缺陷，其回波高度比 GTS-60 试块深 136 mm 处ϕ6 横通孔回波高 6 dB，求缺陷的横通孔当量。

解题思路：发现已伤损与已知横通孔高分贝差，求解伤损当量，直接代入横通孔对横通孔分贝差公式。代入时注意题干中先说的是伤损，那么伤损编号就为 1，已知孔就为 2。

解：已知 $X_1 = 100\ \text{mm}$，$X_2 = 136\ \text{mm}$，$\phi_2 = 6\ \text{mm}$，$\Delta = 6\ \text{dB}$。

$$\varDelta = 20\lg\frac{p_1}{p_2} = 10\lg\frac{\phi_1}{\phi_2} + 30\lg\frac{X_2}{X_1}$$

$$6 = 10\lg\frac{\phi_1}{6} + 30\times\lg\frac{136}{100}$$

$$10\lg\frac{\phi_1}{6} = 6 - 30\times\lg\frac{136}{100} = 6 - 4 = 2$$

$$\lg\frac{\phi_1}{6} = 0.2$$

$$\phi_1 = 6\times10^{0.2} = 6\times1.307\,6 = 9.55\ (\text{mm})$$

5. DAC 曲线

在远场区检测时，由于工件尺寸较大，要预先制作相应尺寸的试块有困难，而且搬运、使用均很不方便。鉴于远场中的声压随着距离的增大呈单调下降变化，各种人工反射体的回波声压变化是有规律可循的，因此可以采用计算方法或事先测绘制作的距离-波幅-当量曲线（称作 DAC）来确定检测灵敏度以及评定缺陷的当量大小。

超声检测中评定的缺陷当量大小，是指缺陷的回波幅度与一定尺寸的人工反射体的回波幅度相同，但是缺陷的实际尺寸与标准人工反射体的尺寸并不相同。这是因为缺陷的回波幅度大小受被检工件的材料以及缺陷本身的性质、大小、形状、取向、表面状态等多种因素的影响，同时还与超声波的自身特性有关，因此引入了“当量”（相当的量）这个概念作为定量衡量缺陷大小的标准。

例如，我们说经过超声检测发现被检工件内的某个位置处存在直径 2 mm 平底孔当量的缺陷，就是指该缺陷的回波幅度与工件内相同位置处直径 2 mm 平底孔（平底孔的孔底面与超声束轴线垂直，并且同轴）的回波幅度相同，然而该缺陷的实际面积尺寸往往大于 ϕ_2。

练就钢轨探伤工的“火眼金睛”离不开日复一日的实作练习，也需要理论知识的积累，充分利用理论知识提高实作技能，所以学好理论是精准判伤的第一步。希望同学能做到理论实操两手抓，真正掌握钢轨探伤的技能，为铁路行车安全保驾护航。

二、实训部分

焊缝探伤 DAC 曲线制作

1. 实训目的

通过本次实训，使大家学会通过 DAC 曲线对小缺陷进行定量。

2. 实训设备及备品

通用探伤仪、GHT-5 试块、探头 2.5P13×13K2.5、探头 2.5P13×13K1、探头 2.5P9×9K2.5、探头 2.5P20、机油、毛刷、扁铲、钢丝刷等。

3. 人员分工

每组 5~8 人，集体讨论，轮流操作。

4. 实训方法

（1）2.5P20 直探头（用于轨腰）。

用 GHT-5 试块上 A 区 2～7 号长横孔制作，1 号孔仅作为选用孔，探测这些横通孔，用 dB 值使各孔最高反射波调整到满幅度的 80%，然后点击制作，根据生成的曲线进行修正（见图 1.10.6）。

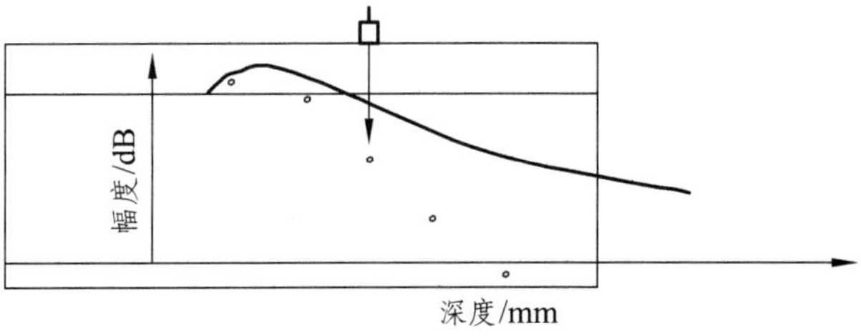

图 1.10.6　直探头距离波幅曲线制作

（2）2.5P13×13K2.5 斜探头（用于轨头）。

用 GHT-5 试块上 B 区 1～5 号长横孔制作，探测这些横通孔，用 dB 值使各孔最高反射波调整到满幅度的 80%，然后点击制作，根据生成的曲线进行修正（见图 1.10.7）。

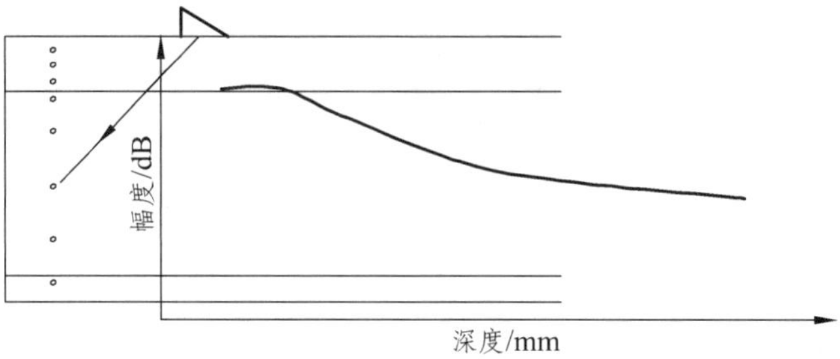

图 1.10.7　轨头和轨腰单探头距离波幅曲线制作

（3）2.5P13×13K1 斜探头（用于轨腰）。

用 GHT-5 试块上 B 区 1～8 号长横孔制作，探测这些横通孔，用 dB 值使各孔最高反射波调整到满幅度的 80%，然后点击制作，根据生成的曲线进行修正（见图 1.10.7）。

（4）2.5P9×9K2.5 斜探头（用于轨底）。

用一次波和二次波探测 GHT-5 试块上 C 区 2 号竖孔与试块界面构成的上下棱角，并测出各棱角最高反射波达到满幅度 80%时的 dB 值，然后点击制作，根据生成的曲线进行修正（见图 1.10.8）。

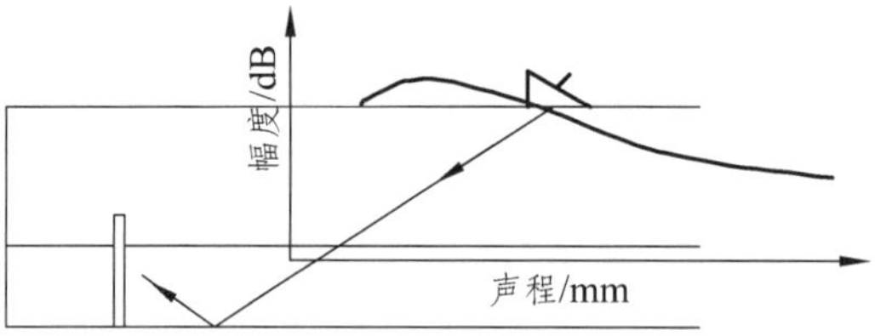

图 1.10.8　轨底单探头距离波幅曲线制作

（5）整理设备、完成实训报告。

【二维码视频】

0°DAC 曲线

大 K2.5DAC 曲线

小 K2.5DAC 曲线

K1DAC 曲线

【本节附加说明】

1. 本节主要由湖南高速铁路职业技术学院马占生负责编写。
2. 本节视频由湖南高速铁路职业技术学院马占生、郭庆、郑力尉录制。

DAC 曲线制作实训报告

1. 基本信息 日期：　　　年　　月　　日　　　　天气： 班级：　　　　　　　　　　　　　姓名： 组别：　　　　　　　　　　　　　实训地点： 2. 实训的意义 3. 实训设备及备品 4. 实训步骤 5. 请画出你所完成的 DAC 曲线 6. 考核评价

附加任务　通用探伤仪器使用与保养

1. 任务及目标

给每位同学 60 分钟阅读下面内容并且观看二维码链接视频。要求同学们自行学会调整仪器参数，并利用直探头和斜探头发现伤损，进行定位。

CTS-1008 型便携式数字超声探伤仪（图 1.11.1）体现了当今先进的技术，该仪器体积小，质量仅 1.4 kg。CTS-1008 仪器设计基于 9003 和 CTS-22 型，其功能齐备，不仅是一台优良的数字超声探伤仪，也是一款方波发生器，同时也可作为图像化检测仪器，并且配备多种接口，以满足用户多种检测需要。

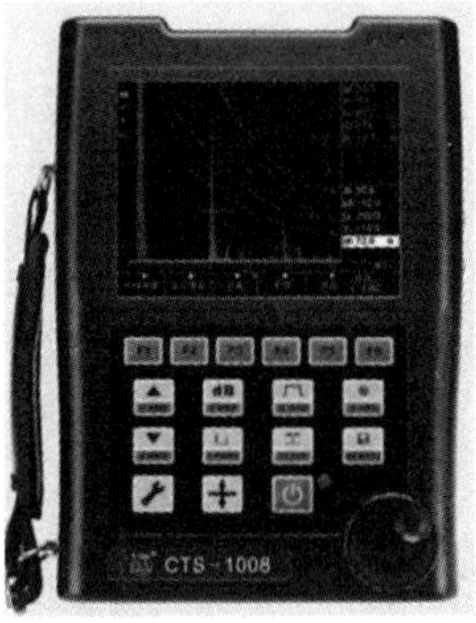

图 1.11.1　CTS-1008 外观外貌

CTS-1008 顶部接口（图 1.11.2）包括：

ENCODER：两维增量型编码器接口，内含 RF 同步信号及开关信号。

LAN：网络接口，用来将仪器连接到网络，配上专用软件可实现对仪器远程控制及与仪器通信等功能。

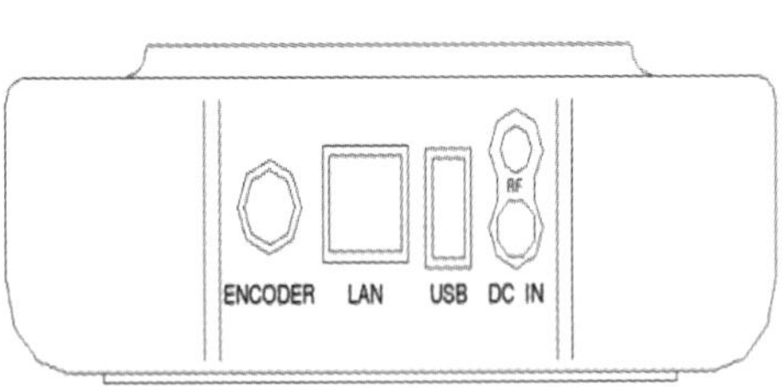

图 1.11.2　CTS-1008 顶部接口

USB：USB、Host 接口，可接鼠标、U 盘等。

DC IN：仪器直流电源输入接口，提供仪器工作的电源或充电电源，在仪器关机情况下，将随机配送的直流适配器插入仪器 DC IN 插座，如果机器内部有电池，绿色充电指示灯将亮起，一块电池充电时间约 5 h。注意：为保证最好的探伤效果，采用直流适配器可以对仪器充供电。

在关机时候仪器通常处于充电状态，此时用户打开仪器从事探伤工作，仪器将自动关闭充电功能，采用直流适配器对仪器供电。

RF：模拟射频信号输出接口，输出阻抗 50 Ω。

2. 仪器常规检测界面（图 1.11.3）

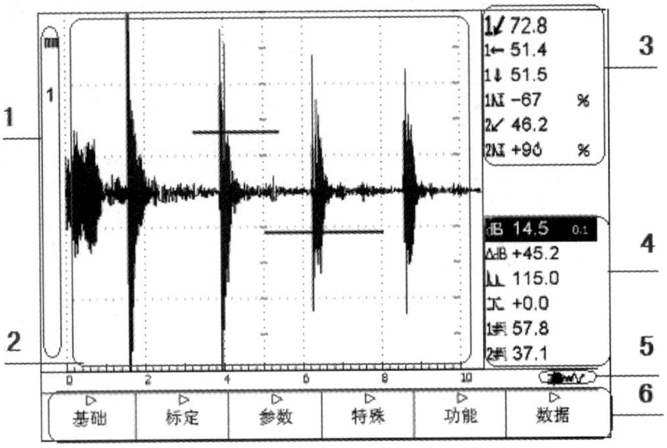

图 1.11.3 仪器常规检测界面

对图 1.11.3 的标注说明如下：

1——功能符号显示区；

2——波形显示区；

3——探伤结果显示区，从上到下依次为：闸门 1 声程、水平、深度、幅度，闸门 2 声程、幅度；

4——常用参数显示区；

5——仪器供电状态显示区（图中为采用交流电供电的状态显示）；

6——菜单栏。

3. 仪器面板控件的操作说明（图 1.11.4）

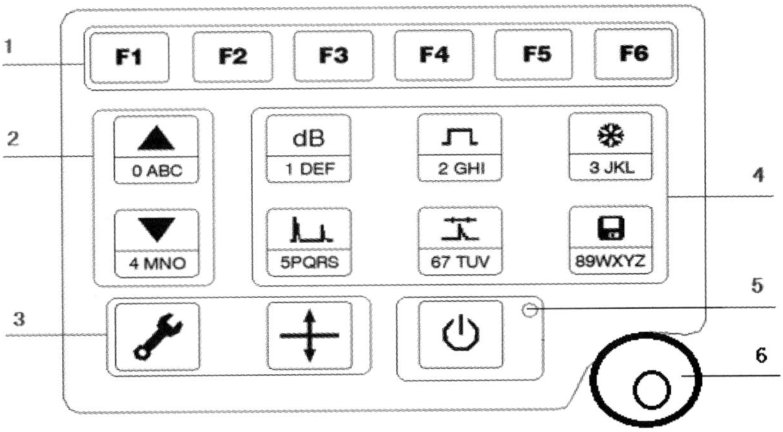

图 1.11.4 仪器面板控件

对图 1.11.4 的标注说明如下：

1——菜单键：6 个菜单键和屏幕里菜单对应，在不同状态下有不同功能，可以通过按相应键来选择相应的功能，具体见后面菜单栏目。

2——调节键：和仪器旋钮一样，用来调节仪器参数值大小或选项，主要在单手持机时使用。

3——设置及检测键：设置键，按此键仪器在任何状态下均进入设置状态，仪器下方和菜单键对应出现基础、标定、参数、特殊、功能、数据菜单；检测键，按此键仪器进入检测状态，仪器下方和菜单键对应出现自动增益、波形扩展、波峰及全屏参数等菜单项。

4——快捷键：探伤过程中经常使用的参数快捷操作（表 1.11.1）。

表 1.11.1　经常使用的参数快捷操作

图标	说　明	图标	说　明
dB 1 DEF	【增益】快捷键，dB/DdB 互相切换，参数大小由旋钮来完成	2 GHI	【闸门】快捷键，按住在闸门 1 和 2 之间切换，门位、门宽、门高之间的切换向下按万能旋钮键
3 JKL	【冻结】快捷键，按此键波形冻结	5PQRS	【范围】快捷键，按此键后通过调节旋钮来完成检测范围设置
67 TUV	【移位】快捷键，按此键后通过调节旋钮来完成移位设置	89WXYZ	【存储】快捷键，按此键后仪器进入存储状态

5——电源键及指示灯：按住此键，右上方红色指示灯亮，出现自检界面后，按 F1~F6 任意键即可进入，关机方向操作，指示灯灭。仪器充电时，指示灯绿色表示充电状态。

6——万能旋钮：1008 万能旋钮除了左右旋功能外，在垂直方向上可以位移，相当于一个按键的作用。具体功能如下：

① 左右旋功能可以调节任一菜单参数的大小、取值等。

② 垂直方向可以设置 dB、DdB、范围、移位步进值及闸门门高、起位、宽度选择。

③ 左右旋具备加速功能。

4. 菜单一览表及说明

表 1.11.2　基础菜单

子菜单	下级菜单	说明（必会操作部分）
发射	工作方式	探头工作方式，分单、双
	阻尼	探头匹配阻尼，400 Ω、80 Ω，建议选择 400 Ω
	重复频率	发射重复频率 25～1 000 Hz，不需要调节
	频率调节	频率调节方式，自动/手动，选择自动
	方波	宽度（30~1 000 ns）和电压（25~250 V）均可调
	返回	返回上级菜单

续表

子菜单	下级菜单	说明（必会操作部分）
接收	频带	宽：0.5 ~ 20 MHz　窄：2.0 ~ 3.0 MHz
	检波方式	正向、负向、双向、射频，选择双向
	抑制	0% ~ 99%，建议调成 0%
	单位	探伤结果显示区单位：毫米或微秒，建议选择毫米
	返回	返回上级菜单
探头	探头形式	直/斜/小角度，根据工艺调整
	晶片	晶片频率及尺寸，与探头保持一致
	K 值/角度	*K* 值及角度，用标定的 *K* 值
	延时	探头和仪器的固定声波延时，用标定数值
	前沿距离	斜探头的入射点至探头最前端的距离
	返回	返回上级菜单
显示	颜色	仪器显示界面的颜色方案，根据个人爱好调整
	标尺	指回波在不同坐标轴上的声程投影值，分水平、深度、声程、普通（照顾模拟仪器使用者习惯）
	栅格	仪器波形后面的栅格，用户可以粗略地对波形幅度定量，分简单/细致/普通
	波形	指波形的显示方式，分实心及空心，实心在扫查或仪器在户外使用时，效果明显
	亮度	显示屏亮度调节，从最暗到最亮，功耗也随之增加
	返回	返回上级菜单
区域	日期	系统年\月\日
	时间	系统小时\分\秒
	语言	中/英文
	返回..	返回上级菜单
返回..	—	返回 ▶ 基础

表 1.11.3　标定菜单

子菜单	说明（必会操作部分）
声速	标定材料声速
延时	标定探头延时
K 值	标定探头 *K* 值
性能	标定仪器性能
探头频率	标定探头频率
返回..	返回 ▶ 标定

表 1.11.4　参数菜单

子菜单	下级菜单	说明（必会操作部分）
系统	报警声音	闸门报警声音开启或关闭，但不能关闭报警灯
	自动幅度	设定自动增益范围，一般设置 80%
	处理方式	显示波形的数据处理方式，分平均、峰值两种，一般情况下设置为平均
	测量模式	分峰值和前沿两种模式。一般设置为峰值，设置前沿时，影响 DAC 曲线使用
	表面补偿	表面补偿值
闸门 1	门位	闸门 1 起位，即门位
	门宽	闸门 1 宽度，即门宽
	门高	闸门 1 高度，即门高
	报警	闸门 1 报警方式 进波/失波，一般选择进波
	开关	闸门 1 的开启或关闭，请置为开启
闸门 2	门位	闸门 2 起位
	门宽	闸门 2 宽度
	门高	闸门 2 高度
	报警	闸门 2 报警方式 进波/失波
	开关	闸门 2 的开启或关闭，一般置为关闭
工件	材料	内置常见材料共 30 种，选择钢
	声速	与材料对应的声速，请用标定速度
	工件厚度	被检工件厚度，斜探头探伤时计算回波次数时需要使用
	显示波次	打开在探伤结果显示区显示波形的几次回波（同闸门配合使用）
返回	—	返回 ▶ 参数

表 1.11.5　特殊菜单

子菜单	说明（不做强制学习内容，有兴趣自行了解）
缺陷测高	自动计算焊缝等工件中裂缝的高度
曲面修正	适用于内、外曲面的检测，根据曲面的直径自动修正缺陷位置的检测结果（最多到两次）
连续存储	录像式动态记录，最长时间 30 min
厚度报警	最小厚度报警功能，用来检测材料的厚度，提供上下限报警功能
成像	成像功能
返回..	返回 ▶ 主菜单

表 1.11.6　功能下单

子菜单	说明（不做强制学习内容，有兴趣自行了解）
包络	包络功能，用来记录变化的缺陷波峰点的轨迹图，从而可以应用于对缺陷的定性分析
DAC	距离-波幅曲线
AVG	距离-波幅-当量曲线
AWS D1.1	美国钢结构焊接规范
API 5UE	美国石油学会缺陷尺寸的定量方法

表 1.11.7　数据菜单

子菜单	说明（必会操作部分）
存储	数据存储功能，包括探伤报告、参数、连续存储（动态记录）
回放	可回 A 扫描、图像扫描、连续存储（动态记录）图片
通道	一个通道预存一组探伤工艺数据，方便用户使用

5. 全屏参数使用

在检测状态下，按【全屏参数】进入图 1.11.5 所示界面。

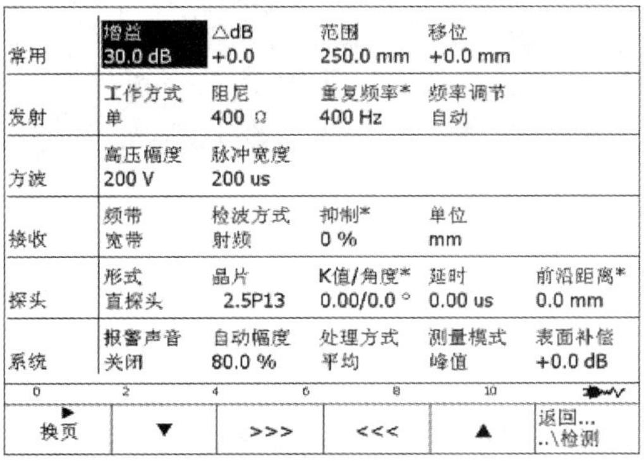

（a）

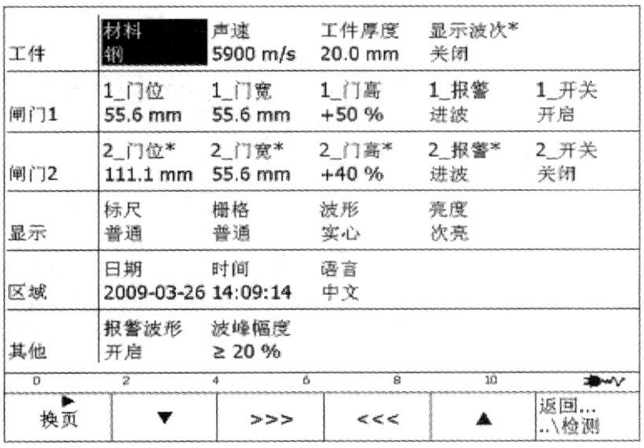

（b）

图 1.11.5　全屏参数界面

6. 自动标定仪器的性能

探伤仪提供自动测试仪器性能指标功能，包括水平线性误差、垂直线性误差、灵敏度余量、动态范围、分辨力、探头频率、电噪声电平等指标。测量完后可以打印、查看，或者通过通信的方式传输到计算机存档。注意：在测试这几项指标前，请先标定好探头的零值。使用方法：按【标定】-【性能】，按仪器提示操作即可，如果需要查看记录可按【查看记录】，保存可按 89WXYZ 。

7. 检测过程中一些辅助功能的使用

（1）自动增益功能打开（图 1.11.6）：检测界面下，按【自动增益】功能，仪器将自动将闸门内信号提到自动幅度（20%~100%）。

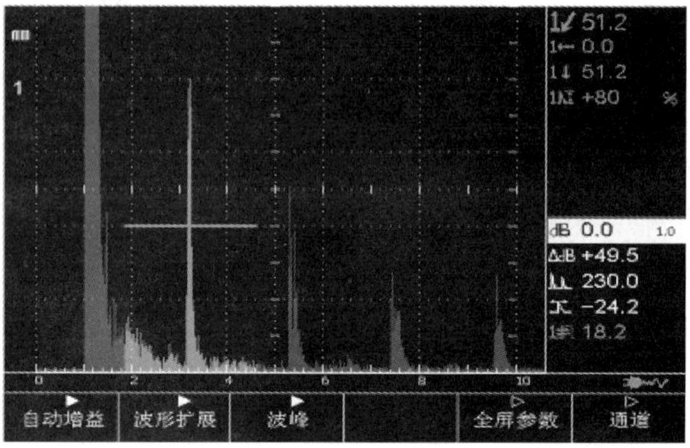

图 1.11.6　波形扩展

（2）波形扩展（图 1.11.7）：检测界面下，按【波形扩展】，可以将闸门内波形扩展到整个仪器屏幕，方便用户看到整个波形细节。

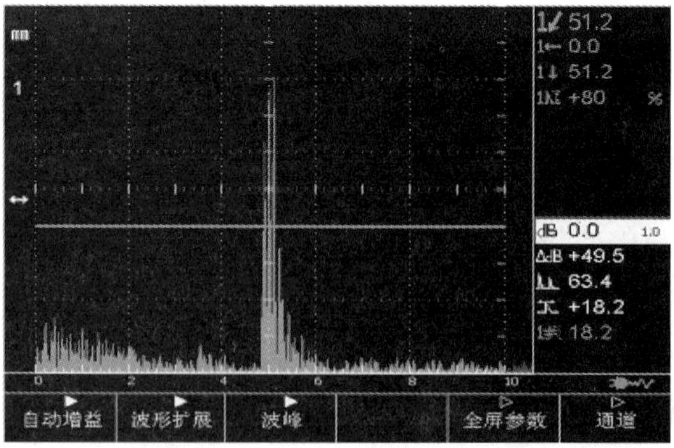

图 1.11.7　自动增益

（3）波峰功能（图 1.11.8）：用户在探伤过程中，屏幕可能出现几个回波，为免去移动闸门的步骤，我们设置此功能。启用此功能后，闸门将自动在回波间移动。检测界面下，按住【波峰】，闸门将自动寻找幅度 20%以上的回波（波峰幅度在全屏参数里可调节）。

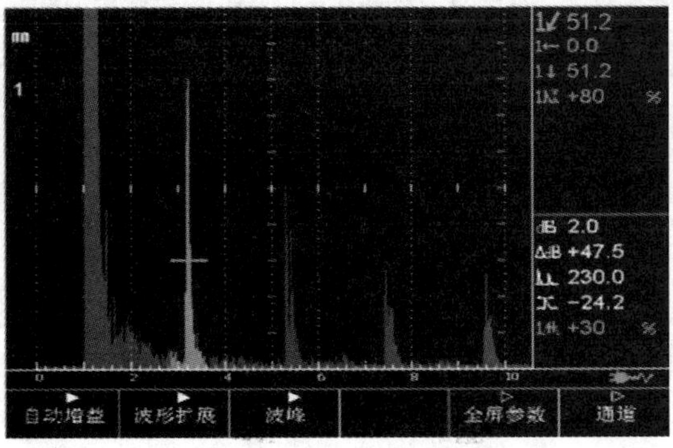

图 1.11.8　波峰搜索

（4）报警彩色显示功能（图 1.11.9）：报警彩色显示功能为用户提供一项颜色报警功能，其原理是将闸门报警波形以不同于其他波形的颜色显示出来，以提醒使用者（图 1.11.8），在全屏参数下，使用旋钮可打开。

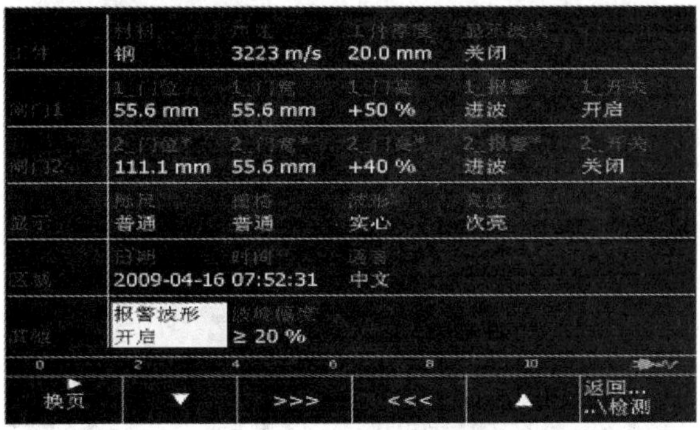

图 1.11.9　彩色报警

8. 存储缺陷波形存储及调用

在检测状态下，如果用户需要存储缺陷波形或存储当前探伤参数，可进行如下操作：任何状态下，用户按即可存储；或按-【数据】-【存储】，输入相关信息后，按【保存】或即可，如图 1.11.10 所示。

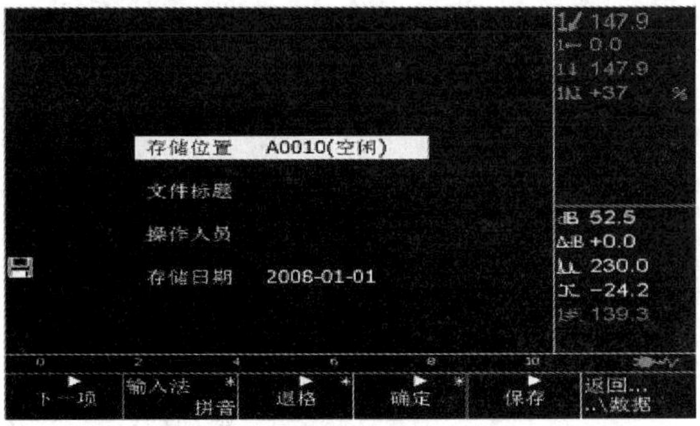

（a）

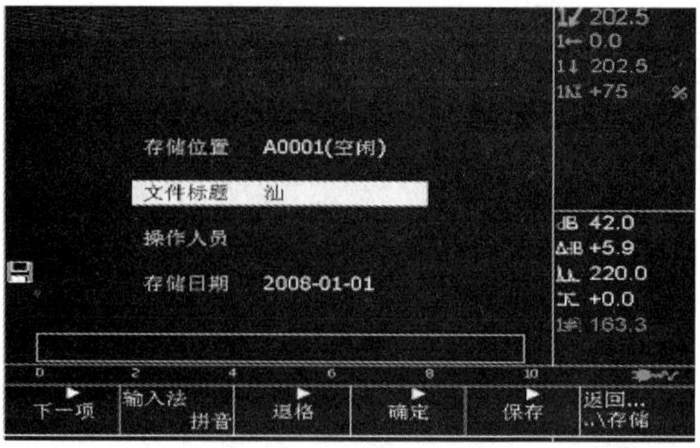

（b）

图 1.11.10　存储缺陷波形存储

汉字的录入：在数据处理过程中（存储、调用等），有时需要输入一些特定文字信息（如单位、操作人员等），此时需要用到输入法，进行文字的录入。该仪器提供五种输入法：拼音输入法、大写字母、小写字母、数字、字符，仪器前面板第 2 部分调节键上就分布着输入要用的字母和数字。

如果用户需要将存储在仪器中的文件调用出来使用，可操作如下：按 -【数据】-【回放】，选择需要回放的文件，如 A 扫描，按【回放】即可，图 1.11.11（b）中有【校准】一栏，打开后存储在 A 扫描波形将以背景在屏幕中来和活动波形对比。

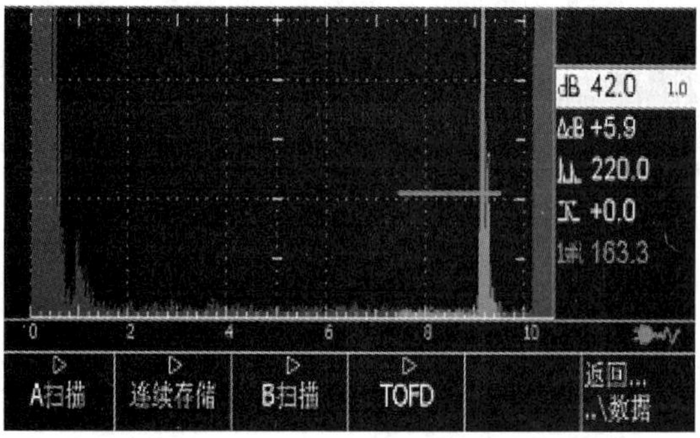

（a）

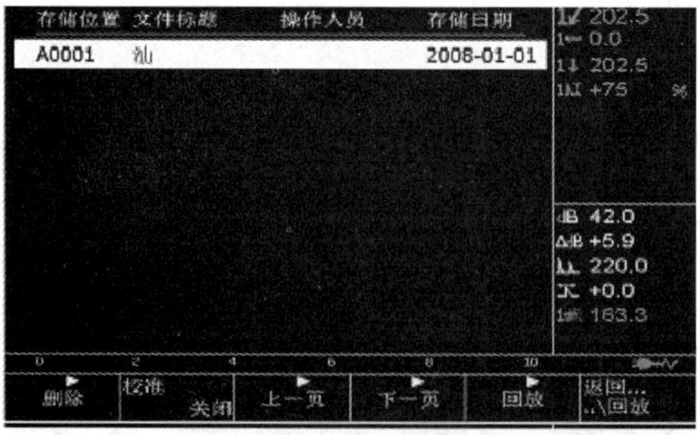

（b）

图 1.11.11　存储缺陷波形存储及调用

9. 通道的使用

在实际探伤中需检测的工件多种多样，且现场情况复杂多变，在现场探伤时往往要探测多个工件、更换多个探头，此时用户便需要在仪器校准时能根据不同情况测试并存储多组探伤设置，供现场探伤时直接调用，从而大大提高工作效率。本仪器提供 10 个通道（0~9）来完成此功能，一个通道可存储一组探伤工艺数据。按-【数据】-【通道】，此时可以将当前工艺参数存储为一通道也可调用一通道参数，仪器每次开机的状态自动为上次关机前的状态。

10. 仪器保养

（1）连接通信电缆或打印机电缆时，必须关掉仪器电源。

（2）本仪器为精密电子仪器，在日常使用中应妥加维护，使仪器保持良好工作状态。

（3）仪器使用电池供电，为减少耗电，在停止使用时，应把电源关断。较长时间不用时，应将电池从仪器取下。

（4）拔插探头线时，应抓住插头端的活动金属套，不可直接抓住电缆线拔插。

（5）转动仪器支撑角度调节机构时，不要用力太猛，并要旋转到位。

（6）仪器使用完毕，应立即进行外表清洁。

（7）仪器应避免雨水及机油渗入内部，避免跌落或强烈振动，存放于干燥地方。

（8）锂电池的维护，检测仪长期不使用时，应先给电池充满电，关断电源开关；为保护检测仪及电池，至少每个月要开机通电一到两个小时，并给电池充电，以免仪器内的元器件受潮，保养电池，延长电池的使用寿命；仪器使用电池供电，为减少耗电，在停止使用时，应把电源关断，较长时间不用时，应将电池从仪器取下。

（9）锂电池使用安全须知：

① 请勿投入火中，远离火源，请勿靠近热源；

② 请远离水源，防泼溅，远离耦合剂；

③ 请勿以金属物品触碰输出插口，谨防短路；

④ 请勿自行拆卸、抛掷、戳穿、敲击电池；

⑤ 请使用配套的电池充电器。

【二维码视频】

通用探伤仪硬件认识　　通用探伤仪系统认识　　通用仪各控件使用方法

项目二　磁粉检测

一、项目描述

本项目主要介绍磁粉检测的相关知识，通过对本项目的学习，学生应基本掌握磁粉检测的原理及工艺流程，并通过相应的实训项目，使理论和实践相结合，以利于后期知识的学习。

二、教学目标

1. 知识目标

（1）掌握磁粉检测原理。
（2）掌握磁化方法与磁化规范。
（3）掌握磁粉检测的工艺流程。

2. 能力目标

（1）能完成磁粉探伤仪检查及材料整备。
（2）能完成提升力和灵敏度测试。
（3）能利用磁粉探伤技术检测出工件伤损。
（4）具备撰写实训报告的能力。

3. 素质目标

（1）具有吃苦耐劳的精神。
（2）具备团队协作的精神。
（3）具备求真、求是的职业精神。

任务一　磁粉检测仪器及材料整备

磁粉检测仪器及材料整备任务单	
任务描述	刚刚收到A公司的委托，需对一批工件进行磁粉探伤，并出具检测报告。为了保证检测结果的准确性，需要提前进行磁粉检测仪器及材料整备
任务知识点与技能点	知识点：掌握磁粉探伤的原理及其优缺点。 技能点：能检查磁粉探伤仪及材料
任务实施	1. 掌握探伤原理及方法； 2. 掌握检查磁粉探伤仪及材料的方法； 3. 在实训室完成磁粉探伤仪及材料的检查
评分标准	1. 团队合作等职业素养30分。 2. 知识掌握情况20分。 3. 检查磁粉探伤仪及材料40分。 4. 实训报告10分
本任务职业 素养要求	1. 团结协作； 2. 安全意识； 3. 具备求真、求是的职业精神

一、理论部分

1. 磁粉检测原理

（1）磁的基本现象。

磁性：磁铁能够吸引铁磁性材料的性质叫磁性。

磁体：凡能够吸引其他铁磁性材料的物体叫磁体。

磁极：靠近磁铁两端，磁性特别强、吸附磁粉特别多的区域称为磁极。每一小块磁体总有两个磁极。

磁化：使原来没有磁性的物体得到磁性的过程叫磁化。

（2）磁学的基本概念。

① 磁场。

磁场就是产生磁力的场，即具有磁性作用的空间。磁场对运动的电荷（或电流）具有作用力，在磁场变化的同时也产生电场。

② 磁力线和磁感应线。

磁场的大小、方向和分布情况，可以利用磁力线来表示，如图2.1.1所示。磁力线在每点的切线方向表示磁场的方向，磁力线的疏密程度反映磁场的大小。

磁力线具有以下特性：

· 磁力线在磁体外是由N极出发穿过空气进入S极，在磁体内是由S极到N极的闭合线；

· 磁力线互不相交；

· 磁力线可描述磁场的大小和方向；

· 磁力线沿磁阻最小的路径通过。

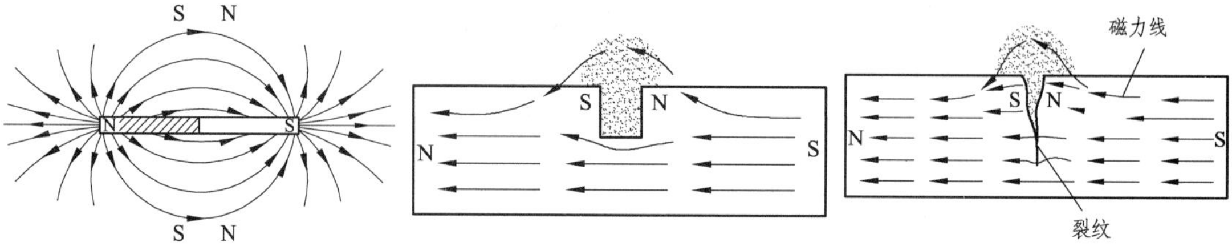

（a）条形磁铁的磁力线分布

（b）具有加工槽的条形磁铁产生的漏磁场

（c）纵向磁化裂纹产生的漏磁场

图 2.1.1 磁力线分布

③ 磁场强度 H。

磁场具有大小和方向，磁场大小和方向的总称叫磁场强度，通常也把单位正磁极所受的力称为磁场强度。

④ 磁感应强度 B。

将原来不具有磁性的铁磁性材料放入外加磁场内，便得到磁化，除了原来的外加磁场外，在磁化状态下铁磁性材料本身还产生一个感应磁场，这两个磁场叠加起来的总磁场，称为磁感应强度 B，单位是 T（国际单位制）和 Gs（厘米-克-秒单位制）。

$$1\ \mathrm{T} = 10^4\ \mathrm{Gs}$$

磁感应强度是矢量，有大小和方向，可用磁感应线来表示，磁感应强度的大小等于穿过与磁感应线垂直的单位面积上的磁通量，所以磁感应强度又称为磁通密度。

磁感应强度不仅与外加磁场有关，还与被磁化的铁磁性材料的性质有关，$B = \mu H$。

⑤ 漏磁场。

磁场中的铁磁性材料能获得很大的磁感应强度，即能被磁场强烈地磁化，这些材料中产生的磁力线比非铁磁性材料要多几十倍甚至几千倍以上。对于断面相同、内部组织均匀的工件，磁力线在其内部是平行、均匀分布的。但内部存在裂纹、夹渣、气孔等缺陷时，由于这些缺陷中存在的物质是非磁性的，其磁阻很大，磁力线不能通过，零件的表面形成一个南北两极的局部磁场，如图 2.1.2 所示。

漏磁场是指被磁化物体内部的磁力线在缺陷或磁路截面发生突变的部位离开或进入物体表面所形成的磁场。

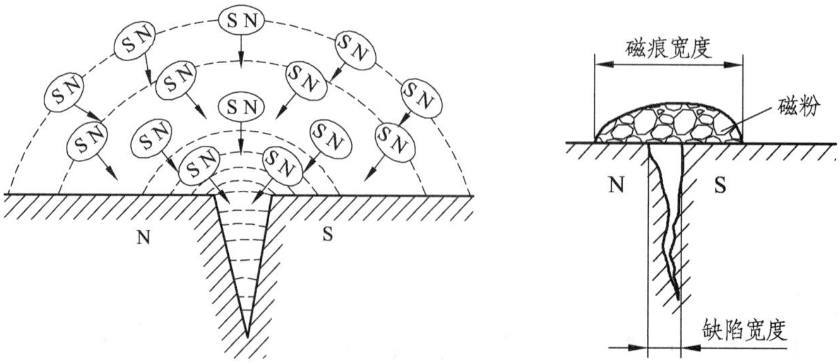

图 2.1.2 缺陷漏磁

漏磁场的成因在于磁导率的突变。若被磁化的工件上存在缺陷，由于缺陷内所含的物质一般有远低于铁磁性材料的磁导率，而磁感应线优先通过磁导率高的部分，这就迫使部分磁感应线从缺陷下面绕过，形成磁感应线的压缩。但是，工件上可容纳的磁感应线数目也是有限的，又由于同性磁感应线相斥，所以，如果该缺陷位于工件的表面或近表面，另一部分磁感应线遵从折射定律，几乎从工件表面垂直进入空气中绕过缺陷又折回工件，即磁力线会在缺陷处逸出工件表面进入空气中，那么就形成了漏磁场。如果在漏磁场处撒上磁导率很高的磁粉，因为磁力线穿过磁粉比穿过空气更容易，所以磁粉会被该漏磁场吸附。故利用该特点，在工件上撒上磁粉，就可以把该缺陷找出来。缺陷的漏磁场强度随工件中磁感应强度的增大而增大。

（3）磁粉检测原理。

磁粉检测的基础是缺陷的漏磁场与外加磁粉的相互作用，即通过磁粉的聚集来显示被检工件表面上出现的漏磁场，再根据磁粉聚集形成的磁痕形状和位置分析漏磁场的成因并评价缺陷。

把一根中间有横向裂纹的强磁性材料试件进行磁化后，可以认为磁化的材料是许多小磁铁的集合体。在没有缺陷的连续部分，由于小磁铁的 N、S 磁极互相抵消，而不呈现出磁极。但在裂纹等缺陷处，工件表面和近表面的磁力线发生局部畸变而产生漏磁场（见图 2.1.3），其强度取决于缺陷的尺寸、位置及试件的磁化强度等。当把磁粉散落在试件上时，可以形成在合适光照下目视可见的磁痕（见图 2.1.4），从而判断出缺陷的位置、形状和大小。

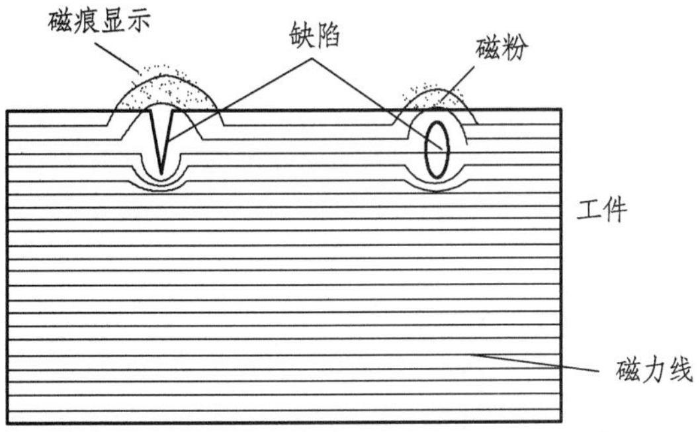

图 2.1.3　漏磁场形成

图 2.1.4　磁痕

漏磁场的宽度要比缺陷的实际宽度大数倍至数十倍，所以磁痕对缺陷宽度具有放大作用，能将目视不可见的缺陷变成目视可见的磁痕，使缺陷更容易被发现。

（4）磁粉检测优缺点。

磁粉探伤的优点：它能直观地显示缺陷的形状、位置、大小，灵敏度高，可检缺陷最小宽度约为 1 μm，几乎不受试件大小和形状的限制，检测速度快、工艺简单、费用低廉、操作简便、仪器便于携带。

磁粉检测的缺点：

① 只能用于检测铁磁性材料，不能检测奥氏体不锈钢材料和用奥氏体不锈钢焊条焊接的焊缝，也不能检测铜、铝、镁、钛等非铁磁材料。

② 只能发现表面和近表面缺陷，缺陷位于工件表面时，产生的漏磁场大，磁痕明显；若位于工件的近表面，产生的漏磁场显著减小，磁痕不易于观察；若位于工件表面很深处，则几乎

没有漏磁场泄漏出工件表面，没有磁痕。图 2.1.5 反映了不同厚度表面覆盖情况下的磁痕显示情况，图 2.1.6 所示为漆层厚度与漏磁场强度曲线。

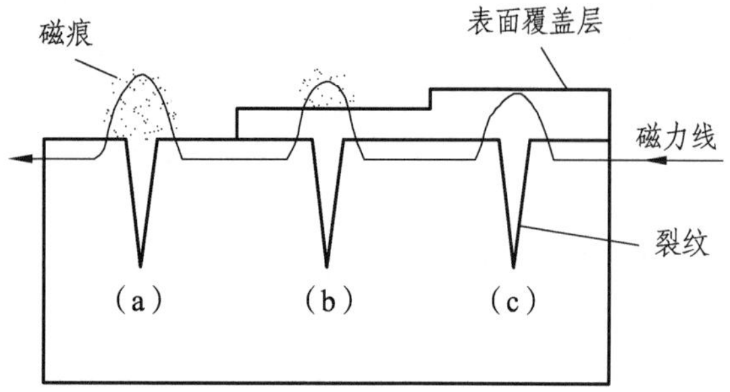

图 2.1.5　漏磁场吸附磁粉

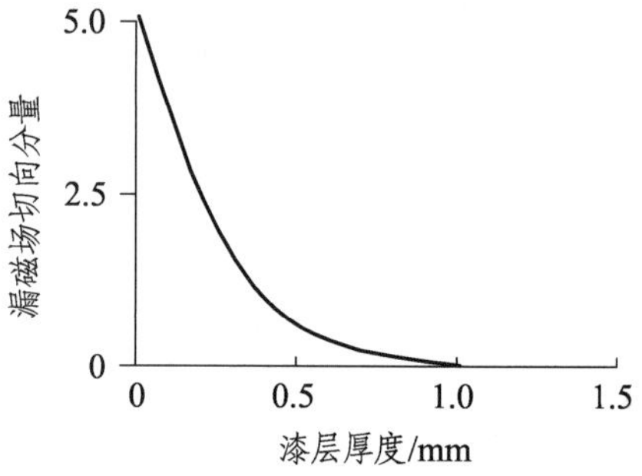

图 2.1.6　漆层厚度与漏磁场强度曲线

③ 磁粉检测对缺陷方向敏感。缺陷垂直于磁场方向，漏磁场最大，也最有利于缺陷的检出；缺陷若与磁场方向平行则几乎不产生漏磁场；当缺陷与工件表面由垂直逐渐倾斜成某一角度，而最终变为平行，即倾角等于 0°时，漏磁场也由最大下降至 0。当缺陷与工件表面夹角小于 20°时分层和折叠难以被发现，所以磁粉检测时，要不断变换外加磁场的角度（做 8 字形移动），以获得最高的漏磁场强度。图 2.1.7 所示为缺陷倾角与漏磁场强度曲线。

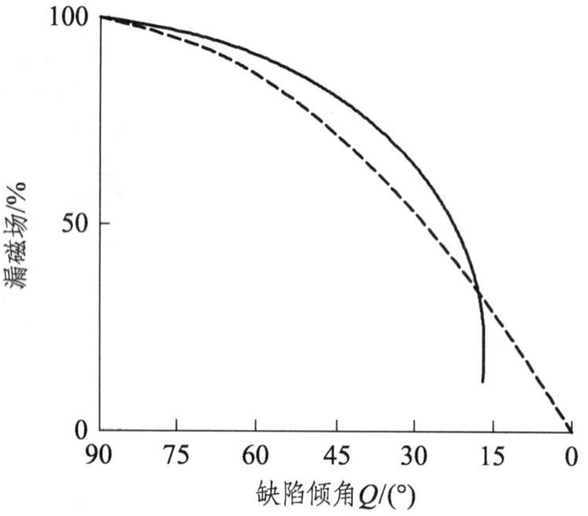

图 2.1.7　缺陷角度与漏磁场强度曲线

④ 磁粉检测能探知缺陷的位置和表面长度，但不能探知缺陷的深度。

2. 磁粉检测设备及材料

（1）磁粉探伤机。

① 磁粉探伤机的命名方法。

在我国，磁粉探伤机的具体命名方法如下：

C　　　X　　　X-X

1　　　2　　　3　4

第 1 部分：C 表示磁粉探伤机。
第 2 部分：字母，表示磁粉探伤机的磁化方式，具体含义参见表 2.1.1。
第 3 部分：字母，表示磁粉探伤机的结构形式，具体含义参见表 2.1.1。
第 4 部分：数字或字母，表示磁粉探伤机的最大磁化电流或探头形式，具体含义参见表 2.1.1。

表 2.1.1　磁粉探伤机的命名参数

第 2 部分字母的含义	第 3 部分字母的含义	第 4 部分数字或字母的含义
J：交流；D：多功能；E：交直流；Z：直流；X：旋转磁场；B：半波脉冲直流；Q：全波脉冲直流	X：携带式；D：移动式；W：固定式；E：磁轭式；G：荧光磁粉探伤；Q：超低频退磁	如 4000：最大磁化电流 4 000 A

例如：
CJW-9000 为交流固定式磁粉探伤机，最大磁化电流 9 000 A；
CEW-15000 为交直流固定式磁粉探伤机，最大磁化电流 15 000 A；
CDG-6000A 为多功能荧光磁粉探伤机，最大周向磁化电流 6 000 A；
CDX-4 为多功能携带式磁粉探伤机。

目前磁粉探伤机的发展趋势是自动化、系列化，大量采用微机控制，特别注意检测速度。对探伤灵敏度要求不同的工件，采用不同类型、不同系列的探伤机及不同的磁化方式。

② 磁粉检测设备的分类。

磁粉探伤机种类繁多，用途各异，但都由主体装置和附属装置组成。主体装置也称为磁化装置。附属装置则包括退磁装置、工件夹持装置、磁悬液喷洒装置、剩磁测定装置和缺陷图像观察装置等。

磁粉探伤机根据磁化电流的类型，可分为直流磁粉探伤机、全波整流磁粉探伤机、半波整流磁粉探伤机和交流磁粉探伤机等类型。直流磁化有更大的渗透深度，通常用于厚大工件的表面和近表面缺陷的检测。交流磁粉探伤机的渗透深度较浅，磁感应强度集中在表面，对表面缺陷有更高的检测灵敏度，常用于检测尺寸较小的薄壁件或厚大工件的表面缺陷。

磁粉探伤机按质量或移动性大小可分为三类，即固定式、移动式和可携带手提式。

固定式磁粉探伤机的尺寸和质量都比较大，一般均可对被检工件分别实施周向磁化、纵向磁化和周向、纵向联合磁化，还可以进行交流或直流退磁。固定式磁粉探伤机一般都用磁悬液显示工件缺陷，这类探伤机一般也带有一对与电缆相接的磁锥，可用来对大工件局部磁化或采用绕电缆法检测，使其具有一定的机动性。采用的磁化电流一般为 4 000~6 000 A 的交流电或直流电，最高可达 20 000 A。

移动式磁粉探伤机具有比较大的灵活性和良好的适应性，可在工作场地许可的范围内自由移动，便于检测不容易搬动的大型工件。移动式磁粉探伤机采用的磁化电流大小介于固定式和手提式之间，为 1 500~4 000 A 的半波整流电或交流电。

可携带手提式磁粉探伤机灵活性最大，适用于野外和高空操作，缺点是磁场强度比较小，磁化电流一般为 750~1 500 A 的半波整流电或交流电。

（2）磁粉。

磁粉是一种由高磁导率和低矫顽力材料组成的粉末微粒，常用的有黑色 Fe_3O_4、红色 γ-Fe_2O_3

和表面涂有银白色或荧光物质的磁粉，可根据工件表面颜色的不同来选择使用。

磁粉按施加方式的不同可分为湿粉显示和干粉显示两种；按磁痕观察，分为荧光磁粉和非荧光磁粉。

湿粉显示法（简称湿法）是先把磁粉配制成一定浓度的水磁悬浮液或油磁悬浮液，检测时磁悬液均匀地喷洒在被检工件表面上，工件表面上缺陷处的漏磁将吸附磁粉，形成磁痕而显示出缺陷。磁悬液具有良好的流动性，因此，能同时显示工件整个表面上的微小缺陷。由于操作简单，灵敏度高，这种方法得到广泛应用。

干粉显示法（简称干法）用的磁粉必须充分干燥，被检工件表面也必须充分干燥，否则由于磁粉流动性差，不容易均匀分布而影响缺陷显示。干粉显示时，一般将磁粉喷雾于工件表面后，再将没有被吸引的剩余磁粉吹去，工件表面上所剩的是缺陷处被漏磁吸附形成的磁痕。

荧光磁粉的表面涂有一层荧光物质，这种荧光粒子的波长约为数百纳米（数千埃）。荧光磁粉最适于检查其他颜色（黑色、红色等）的磁粉难以检查的黑色工件，例如表面烤蓝、烧黑或表面被氧化的铸件和锻件。检测时需要在紫外线灯（又称黑光灯）下观察磁痕。由于荧光磁粉在紫外光激发下呈现黄绿色荧光，色泽鲜明，容易观察，可见度和对比度均好，适用于任何颜色的受检工件表面，能提高检测速度，有效地降低漏检率，提高检测的可靠性。荧光磁粉一般只用于湿法显示。

非荧光磁粉是一种在可见光（白光）下观察磁痕的磁粉，其主要成分是黑色的 Fe_3O_4或褐色的 Fe_2O_3及工业纯铁粉。为了提高与被检表面的对比度，多将表面染成黑、红、蓝、黄等颜色。这种磁粉既适用于湿法显示，又适用于干法显示。

进行磁粉检测时采用湿法显示还是干法显示，主要根据探伤条件来确定。一般情况下，小型工件用湿法检测，而大型构件用干法检测比较方便。另外，干法显示基本上不受周围环境温度的限制，对于十分粗糙的工件表面，本身检测灵敏度要求不高时，干法比较合适。干法与湿法检测相比较，优点是干净、价格便宜；缺点是不容易覆盖工件形状不规则的表面，对小型工件检测效率低。干粉最好不要回收和重复使用，干法也不适用于机械化检测。

磁粉的性能：评价磁粉质量高低的主要性能指标有磁特性、粒度及粒度分布、形状（条形、椭球形、球形或不规则形状等）、密度、流动性、识别度（包括磁粉的颜色、荧光亮度、与被检件表面的对比度）等，对荧光磁粉还包括磁粉与荧光染料的剥离度。

① 磁特性。

磁粉应具有高磁导率、低矫顽力和低剩磁。高磁导率的磁粉容易被缺陷产生的微小漏磁场磁化和吸附，聚集起来便于识别。如果磁粉的矫顽力和剩磁大，磁化后，磁粉形成磁极，彼此吸引聚集成团不容易分散开，磁粉也会被吸附到工件表面不易去除，形成过度背景，甚至会掩盖相关显示。

② 粒度。

磁粉的粒度就是磁粉的颗粒大小。磁粉应该有适当的粒度，需要根据欲检出缺陷的性质、尺寸、埋藏深度和磁粉施加方式来选择合适的磁粉粒度。

对湿法用的黑磁粉和红磁粉，一般采用的粒度范围为 5~10 μm 时效果较好，最大不超过 50 μm；对干法用的干磁粉，一般粒度范围为 10~50 μm 时效果较好，最大不超过 150 μm。磁粉检测灵敏度随粒度的减小而提高。

③ 形状。

磁粉应该由一定比例的条形（长锥形）、球形（圆形）和其他形状的磁粉混合在一起使用，以利于在缺陷漏磁场处“搭桥”形成可观察到的磁痕显示。

④ 密度。

磁粉应该密度适中，满足湿磁粉随载体流动或者干磁粉受交变磁场作用在被检零件表面跃迁的要求。在湿法磁粉检测中，密度大的磁粉容易在磁悬液中很快沉淀，即其悬浮性差，浇洒到零件上时容易造成分布不均匀。在干法磁粉检测中，密度大的磁粉在被检零件表面跃迁能力不足，需要漏磁场大才能被吸附，从而降低了检测灵敏度。

磁粉的密度大小也与磁粉自身的磁特性有关。对于湿法磁粉检测应用的黑磁粉和红磁粉，一般要求密度约为 4.5 g/cm^3。对于干法磁粉检测应用的纯铁粉，其密度为 8 g/cm^3，空心球形磁粉的密度为 0.71 ~ 2.3 g/cm^3。荧光磁粉的密度与采用的铁磁性粉末原料、荧光染料、黏结剂等的配比相关，因为荧光磁粉一般只用于湿法检验，因此其密度也应以较小为好。

⑤ 流动性。

为了能有效地检出缺陷，磁粉必须能在受检工件表面流动，以便被漏磁场吸附形成磁痕。在湿法检验中，是利用磁悬液的流动带动磁粉向漏磁场处流动；在干法检验中是利用微风吹动磁粉，并利用交流电不断换向使磁场也不断换向，或利用单相半波整流电产生的单方向脉冲磁场带动磁粉变换方向促进磁粉流动。由于直流电磁场方向不改变，不能带动磁粉变换方向，所以直流电不能用于干法检验。

⑥ 识别度。

识别度是磁粉的光学性能，包括非荧光磁粉的颜色、荧光磁粉在黑光辐照下发出的荧光亮度，以及磁痕和零件表面本底颜色的对比度（俗称反差、衬度）。非荧光磁粉的颜色与零件表面本底颜色形成的对比度要大，荧光磁粉在黑光激发下的荧光亮度要大、色泽鲜明，才有利于观察、识别磁痕显示。

此外，对于荧光磁粉还有磁粉与荧光染料包覆层的剥离度即耐用性要求，经过反复使用，磁悬液中荧光磁粉的荧光染料包覆层应该不易脱落，否则将污染载体，在被检零件表面造成背景不良，而磁痕显示模糊。

（3）磁悬液。

把磁粉和载液按一定比例均匀混合而成的悬浮液体叫磁悬液。用来悬浮磁粉的液体叫载液或载体（也称为分散介质或分散剂）。

磁悬液按分散剂的种类分类，常用的有油基载液（配制成油基磁悬液）、水基载液（配制成水基磁悬液）以及以非荧光磁粉的有机溶液为载体的磁悬液（例如，磁粉探伤-橡胶铸型法以及特殊应用中使用乙醇作载液）等。

磁悬液按磁粉的种类分类则有荧光磁悬液（油基或水基）和非荧光磁悬液（油基或水基的黑磁悬液和红磁悬液）。

磁悬液要求有合适的黏度，容易在被检零件表面流动，而且使磁粉具有较好的悬浮性能，能均匀地分布在载液中。

磁悬液中的磁粉浓度要适宜，以保证检测的可靠性和灵敏度以及在被检零件表面有适当的背景。载液的色度要透明清澈，油基载液的闪点要高、挥发率和含硫量要低。磁悬液应无毒、无臭味，有良好的防腐蚀性能。水基磁悬液应有良好的润湿性、防锈性及消泡性等。

（4）磁粉检测用灵敏度试片。

① 用途。

所谓磁粉检测的灵敏度是指检测时所能发现缺陷的最小尺寸，即绝对灵敏度。

在实际探伤中，为了验证被测工件是否达到所要求的灵敏度，可采用灵敏度试片。其作用有：

a. 检验磁粉检测设备、磁粉和磁悬液的综合性能，确定综合因素所形成的系统灵敏度是否符合要求。

b. 用于了解被检零件表面大致的有效磁场强度和方向，以及有效检测区大小。

c. 考察所采用的磁粉检测工艺流程和操作方法是否妥当。

d. 几何形状复杂的工件磁化时，各部位的磁场强度分布不均匀，无法用经验公式计算磁化规范磁场方向也难以估计。将小而柔软的试片贴在复杂工件的不同部位，可大致确定较理想的磁化规范。

② 分类。

在纯铁薄片（基片）上单面刻槽作为人工缺陷，刻槽的形式各国不尽相同，多数是在试片深度方向刻 U 形或近 U 形，平面方向为圆、十字线或直线等。

根据刻槽的形状、基片的大小和厚度，常用的磁粉检测灵敏度试片可分为 A 型、C 型、D 型、M 型以及美国称谓的 QQI（质量定量指示器）。我国使用的标准试片是 A 型、C 型和 D 型等多种。

a. 标准灵敏度试片。

A 型标准灵敏度试片适用于较宽大或平整的被检表面，如图 2.1.8 所示，其类别和名称如表 2.1.2 所示。

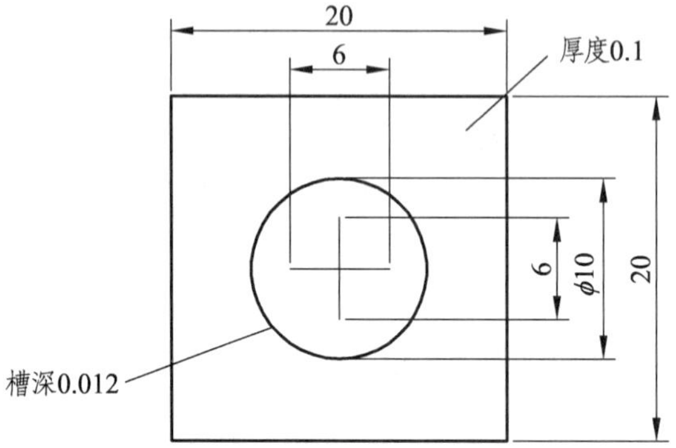

图 2.1.8　A 型标准灵敏度试片

表 2.1.2　A 型灵敏度试片类别和名称

类 别	通用名称			材　料
第一类	A1-7/50 A1-15/100	A1-15/50 A1-30/100	A1-30/50 A1-60/100	退火电磁软铁
第二类	A2-7/50 A2-15/100	A2-15/50 A2-30/10	A2-30/50 A2-60/100	未退火电磁软铁

试片通用名称的分数中，分子表示槽深，分母表示板厚，尺寸单位为 μm，槽的形状有圆形

和直线形 2 种。通用名称的分数值愈小，就要求用更高的有效磁场才能显示出磁粉痕迹。

A 型试片使用时无槽的一面朝外，用黏性带黏合在被探测部位的局部表面上，工件磁化时，在试片上施以磁悬液或磁粉，观察试片刻槽处的磁粉痕迹以判断是否达到探伤灵敏度。

b. 直流标准环形试块。

这种试块是美国 ASME 标准中提出的，又称 Betz 环，如图 2.1.9 所示，我国标准中也已采用此种试块。试环的材料为 9CrWMn 冷作模具钢，硬度为 90 ~ 95 HRC，试块上钻有 1.8 mm 的通孔，第一个孔的中心到环边缘的距离为 1.8 mm，然后每孔递增 1.8 mm，直到第 12 个孔，如表 2.1.3 所示。

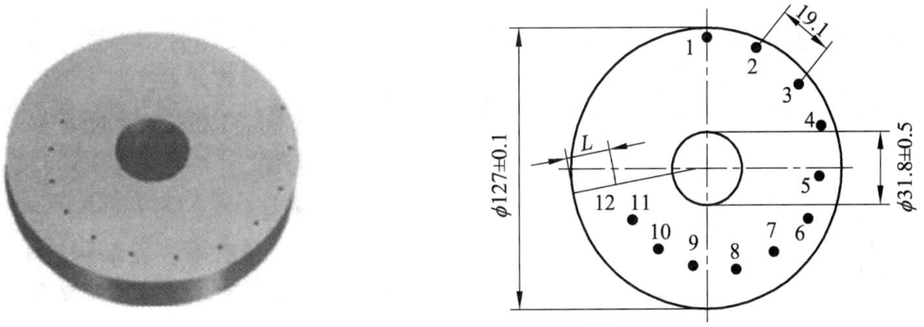

图 2.1.9　环形试块

表 2.1.3　孔的直径与孔心距环外缘尺寸

孔	1	2	3	4	5	6	7	8	9	10	11	12
直径/mm	1.8	1.8	1.8	1.8	1.8	1.8	1.8	1.8	1.8	1.8	1.8	1.8
孔心与外缘距离/mm	1.8	3.6	5.4	7.2	9.0	10.8	12.6	14.4	16.2	18.0	19.8	21.6

使用时用铜棒作为中心导体，芯杆法磁化，通以直流电，用连续法检测，该试块仅适用于直流电或整流电磁化法。通过观察人工缺陷试环上显示的缺陷磁痕，以比较和评定用中心导体法及直流或全波整流励磁检测时，磁粉材料与检测系统的灵敏度。

在不同的磁化电流下，试环外缘上所应显示的最小磁痕数目见表 2.1.4、表 2.1.5。如达不到表中的规定值，应校正所采用的检测系统。

表 2.1.4　湿磁粉磁环的磁痕显示

磁悬液类型	全波整流或直流磁化的电流值/A	近表面孔显示的最小数目
荧光或非荧光	1 400	3
	2 500	5
	3 400	6

表 2.1.5　干磁粉磁环的磁痕显示

全波整流或直流磁化的电流值/A	近表面孔显示的最小数目	全波整流或直流磁化的电流值/A	近表面孔显示的最小数目
500	4	2 500	6
900	4	3 400	7
1 400	4		

二、实训部分

检查磁粉探伤仪及材料

1. 实训目的

在磁粉检测过程中，磁粉探伤仪的状态和材料的性能影响磁粉检测的效果，为了保证检测结果的准确性，需要提前检查磁粉探伤仪和材料。

2. 实训设备及备品

磁粉探伤仪、磁粉、磁悬液、灵敏度试片、白光照度计、磁场强度测量仪、放大镜、试片粘贴胶带等。

3. 实训方法及步骤

（1）检查磁粉探伤仪。连接设备：接通电源后，检查仪器设备性能是否良好，检查可动部分是否能动作，电气连接部分是否有噪声和异常振动。

（2）检查磁粉性能。

（3）白光照度计测量：采用白光照度计进行测量，应不大于 20 lx。

（4）磁场强度测量：采用特斯拉计进行测量，切向磁场满足 2 kA/m~6 kA/m。

（5）检查灵敏度试片：观察试片是否平整，有无破损、折皱和锈蚀。

（6）完成实训报告。

检查磁粉探伤仪及材料实训报告

1. 基本信息

日期：　　　　年　　　月　　　日　　　　　　　天气：

班级：　　　　　　　　　　　　　　　　　　　　姓名：

组别：　　　　　　　　　　　　　　　　　　　　实训地点：

2. 实训的意义

3. 实训设备及备品

4. 实训步骤

5. 心得体会

6. 考核评价

任务二 磁粉检测设备调试

磁粉检测设备调试任务单	
任务描述	在磁粉检测之前，要先进行设备调试，本次任务为磁粉检测设备的调试，并完成实训报告
任务知识点与技能点	知识点：掌握磁化电流、磁化的方法和磁化规范。 技能点：能完成磁粉检测设备调试，能进行提升力及灵敏度测试
任务实施	1. 掌握几种不同的磁化方法； 2. 掌握磁化规范； 3. 完成磁粉检测设备调试，进行提升力及灵敏度测试，并完成实训报告
评分标准	1. 团队合作等职业素养 30 分； 2. 知识掌握情况 20 分； 3. 提升力及灵敏度测试操作情况 40 分； 4. 实训报告 10 分
本任务职业素养要求	1. 团结协作； 2. 爱护仪器； 3. 规范操作、标准化作业

一、理论部分

1. 磁化电流

磁化电流是为了在工件上产生磁场而施加的电流，磁化电流可分为交流电、直流电、整流电（包括单相半波整流电、单相全波整流电、三相半波整流电和三相全波整流电）和冲击电流。

（1）交流电。

大小和方向随时间按正弦规律变化的电流叫正弦交流电，简称交流电。由于交流电呈周期性变化，当用剩磁法检测工件，在不同相位断电时工件中的剩磁也不同，有时大、有时小，甚至为零，易造成缺陷漏检。为了每次断电都能获得稳定的最大剩磁，用于剩磁法的交流探伤设备必须加装断电相位控制器，确保交流电一定在 π 或 2π 处断电，以保证检测结果。

交流电有趋肤效应，该效应是指交变电流通过导体时，导体表面的电流密度较大而内部电流密度较小的现象。由于交流电有趋肤效应，工件表面的磁场较强，发现表面缺陷灵敏度较高，对工件表面下面缺陷发现能力差。

在我国磁粉检测中，交流电被广泛使用，是由于它具有以下优点：

① 电源设备结构简单。

② 对表面缺陷检测灵敏度高。

③ 退磁容易。

④ 能够实现感应电流法磁化。

⑤ 可以实现多向磁化。

⑥ 磁化变截面时工件磁场分布较均匀。

⑦ 有利于磁粉的迁移。

⑧ 交流电磁化时工序间可以不退磁。

交流电也有其局限性：

① 剩磁法检验时受交流电断电相位影响。

② 探测缺陷深度小。

（2）直流电。

直流电主要是通过蓄电池组或直流发电机供电，但调节和使用不方便，退磁困难。工件获得磁场较均匀，能发现表面下面较深的缺陷。

优点：

① 磁场渗入深度大（检测的缺陷深度是最大的）。

② 剩磁稳定，剩磁能有力地吸住磁粉，便于评定。

③ 适用于镀铬层下裂纹的检验，以及闪光电弧焊中的近表面裂纹和焊接件根部的未焊透和未熔合的检验。

局限性：退磁困难，不适合于半干法检验，退磁场大，工序间要求退磁。

（3）单相半波整流电。

优点：

① 兼有直流电的渗入性和交流电的脉动性。

② 剩磁稳定。

③ 有利于磁粉的迁移。

④ 能提供较高的灵敏度和对比度。

局限性：退磁困难，检测深度小。

（4）三相全波整流电。

优点：

① 具有很大的渗透性和很小的脉动性。

② 剩磁稳定。

③ 设备需要输入的功率小。

局限性：

① 退磁困难。

② 变截面工件磁化不均匀。

③ 不适用于干法检验。

④ 周向和纵向磁化的工序之间一般要退磁。

（5）磁化电流选用原则。

① 交流电的渗入深度，不如整流电和直流电。

② 用交流电磁化湿法检验，对工件表面微小缺陷检测灵敏度高。

③ 整流电流中包含的交流分量越大，检测近表面较深缺陷的能力越小。

④ 单相半波整流电磁化干法检验，对工件近表面缺陷的检测灵敏度高。

⑤ 三相全波整流电可检测工件近表面较深的缺陷。

⑥ 冲击电流只能用于剩磁法检验和专用设备。

2. 磁化方法

工件磁化过程中，当磁场方向与缺陷延伸方向垂直时，缺陷处的漏磁场最大，检测灵敏度最高。当磁场方向与缺陷延伸方向夹角为 45°时，缺陷可以显示，但灵敏度降低。当磁场方向与缺陷延伸方向平行时，不产生磁痕显示，发现不了缺陷。

由于工件中缺陷有各种取向，难以预知，故根据工件的几何形状、尺寸大小和预发现缺陷的方向建立磁场方向。在工件上建立的磁场方向，一般将磁化方法分为周向磁化、纵向磁化或多向磁化（复合磁化），其中所谓的周向和纵向是相对于被检工件上的磁场方向而言的。因为需要采用不同的方法直接、间接或通过感应电流对工件进行周向、纵向或多向磁化，以便在工件上建立不同方向的磁场，发现所有方向的缺陷，所以出现了各种不同的磁化方法，主要有通电法、中心导体法、触头法、线圈法、磁轭法、多向磁化法等。

磁化工件的顺序，一般是先进行周向磁化，再进行纵向磁化。如果一个工件上横截面尺寸不等，周向磁化时，电流值应分别计算，先磁化小直径，后磁化大直径。

（1）周向磁化。

周向磁化一般都是给工件（或中心导体）直接通电流来产生周向磁场。在工件中建立一个环绕工件并与工件轴垂直的周向的闭合磁场，用以发现工件中与磁场方向垂直、与工件轴平行的纵向缺陷。检查工件中有无纵向缺陷时，应采用周向磁化，如图 2.2.1 所示。

实现周向磁化的方法有很多，如图 2.2.2 所示。对小型零部件，采用轴向通电或中心导体法对被检工件作整体周向磁化；对大型结构的磁粉检测，采用触头法（直接通电）和平行电缆法（辅助通电）对被检区域作局部周向磁化。

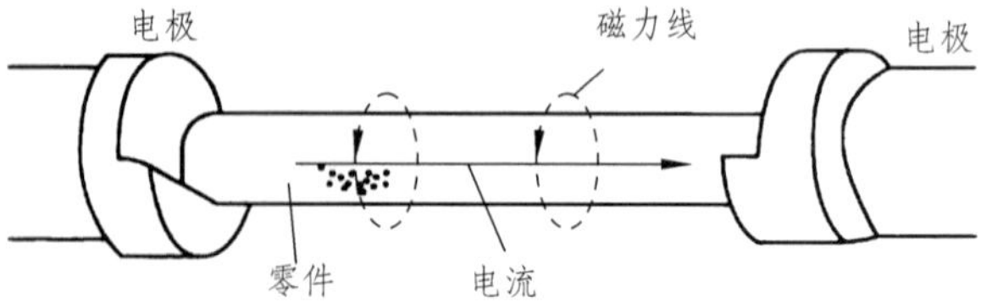

图 2.2.1　周向磁化

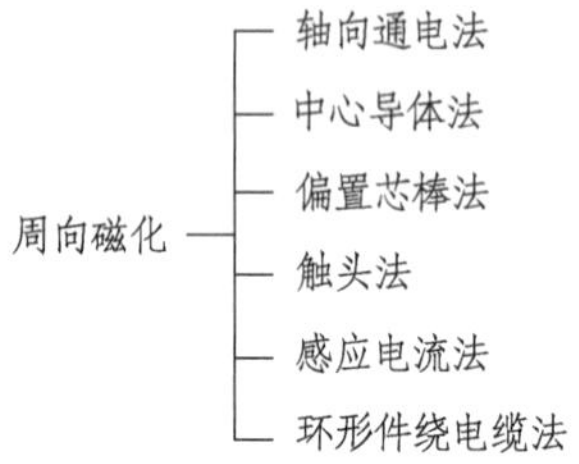

图 2.2.2　周向磁化方法分类

① 轴向通电法。

轴向通电法是将工件夹于探伤机的两磁化夹头之间，使电流从被检工件上直接流过，在工件的表面和内部产生一个闭合的周向磁场，用于检查与磁场方向垂直、与电流方向平行的纵向缺陷，如图 2.2.3 所示。轴向通电法是最常用的磁化方法之一。

② 中心导体法。

中心导体法是将导体穿入空心工件的孔中，并置于孔的中心，电流从导体上通过（注意不是直接给工件通电流，而是给中心导体通电流），形成周向磁场，所以该方法又叫电流贯通法、穿棒法或芯棒法，如图 2.2.4 所示。由于是感应磁化，中心导体法可用于检查空心工件内、外表面与电流平行的纵向不连续性和端面的径向不连续性。空心件用直接通电法不能检查内表面的不连续性，因为内表面的磁场强度为零，但用中心导体法能更清晰地发现工件外表面的缺陷，因为外表面比内表面具有更大的磁场强度。中心导体法适用于各种有孔的工件，如轴承圈、空心圆柱、齿轮、螺帽、环形件、管子、管接头和空心焊接件等。

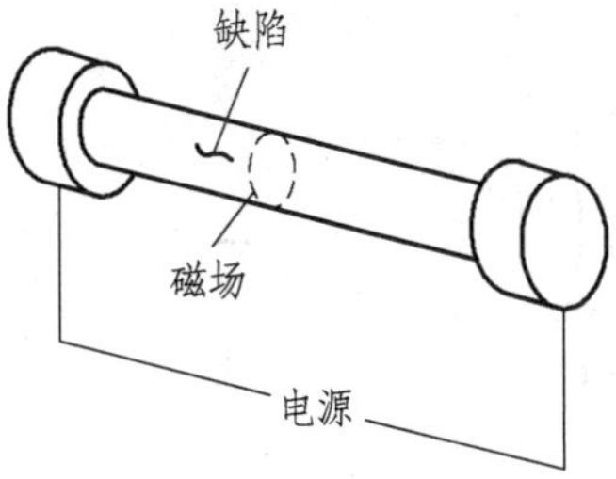

图 2.2.3　轴向通电法

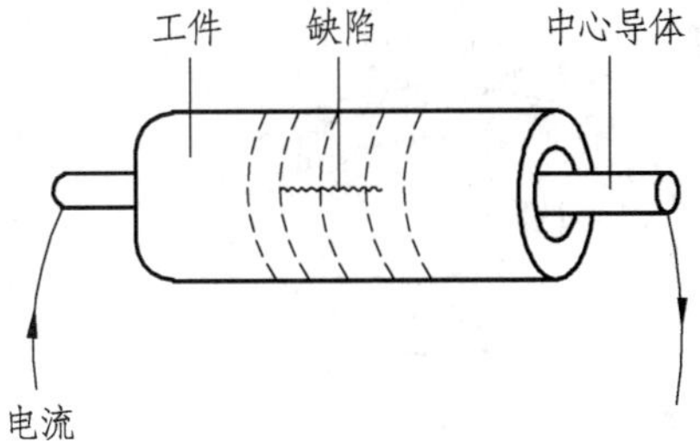

图 2.2.4　中心导体法

③ 偏置芯棒法。

对于空心工件，导体应尽量置于工件的中心，若工件直径太大，探伤机所提供的磁化电流不足以使工件表面达到所要求的磁场强度时，可采用偏置芯棒法磁化，即将导体穿入空心工件的孔中，并贴近于工件内壁放置。电流从导体上通过，形成周向磁场，用于局部检验空心工件内、外表面与电流方向平行的缺陷和端面的径向缺陷，如图 2.2.5 所示。适用情况：采用中心导体法检验时，设备功率无法满足的大型环和压力管子的磁粉检测。

偏置芯棒法采用适当的电流值磁化，有效磁化范围约为导体直径 d 的 4 倍。检查时要转动工件，以检查整个圆周，并要保证相邻检查区域有 10%的重叠。

④ 触头法。

用两个电极触头将磁化电流导入被检工件进行局部磁化的方法称为触头法，如图 2.2.6 所示。给工件局部通大电流，形成局部周向磁场（所谓周向是指磁场方向对电流方向而言），通过磁化，在平板工件上能产生一个畸变的周向磁场，用于发现与两触头连线平行的缺陷。为避免漏检缺陷，对同一被检部位应通过改变触点连线方位的方法，至少进行两次相互垂直的检测。其适用于焊接件及各种大中型工件的局部检验。

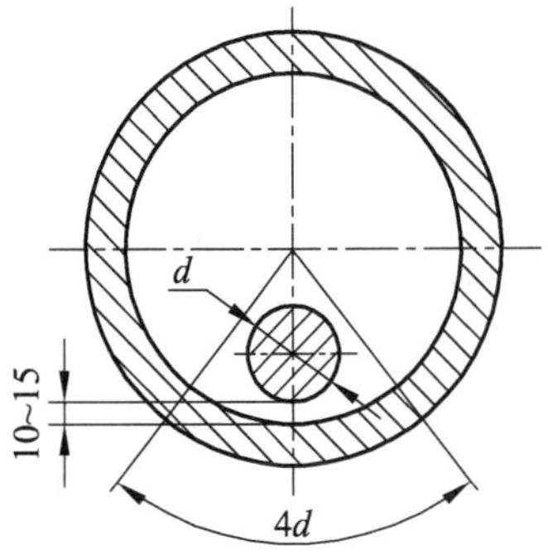

图 2.2.5 偏置芯棒法

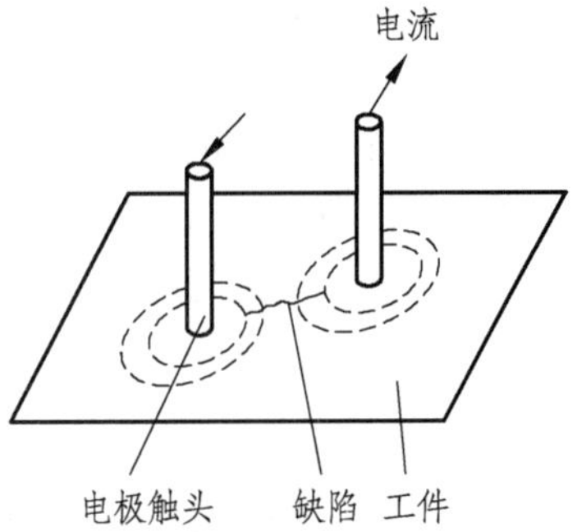

图 2.2.6 触头法

⑤ 感应电流法。

感应电流法是将铁芯插入环形工件内，把工件当作变压器的次级线圈，通过铁芯中磁通的变化，在工件内产生周向感应电流。用感应电流磁化工件产生闭合磁场的方法称为感应电流法或磁通贯通法，如图 2.2.7 所示。

⑥ 环形件绕电缆法。

环形件绕电缆法是用软电缆穿绕环形件，通电磁化，形成沿工件圆周方向的周向磁场，如

图 2.2.8 所示。

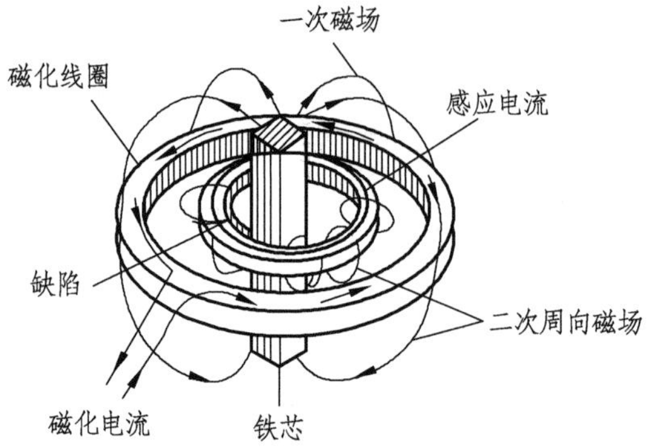

图 2.2.7　感应电流法

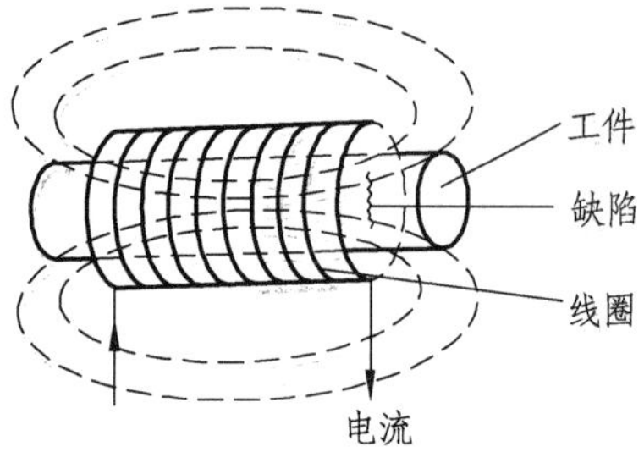

图 2.2.8　环形件绕电缆法

（2）纵向磁化。

纵向磁化一般都是由通电线圈产生纵向磁场（与工件轴向平行），用以发现工件上与磁场方向垂直的缺陷（周向或径向缺陷），对焊缝中的纵向裂纹或横向裂纹都可以采用电磁铁进行局部纵向磁化的方式，只是改变一下磁极方向即可（两次磁化方向成 90°）。常用的方法是磁轭法和线圈法。

① 磁轭法。

将电磁轭或永久磁轭的两极与被检工件相接触，即可对其作整体或局部的纵向磁化。如被检工件的两个断面能够被夹持在磁轭的两极之间，形成闭合的磁路，可以对工件作整体纵向磁化，否则采用局部磁化。做局部磁化时，磁轭两极间的磁力线大致与两极的连线平行，可以检出方向基本与两极连线垂直的缺陷。在磁轭法中，工件是闭合磁路的一部分，用磁极间的相互作用对工件感应磁化，所以磁轭法也称为极间法，如图 2.2.9 所示。

磁轭的磁极间距应控制在 75~200 mm 之间，检测的有效区域为两极连线两侧各 50 mm 的范围内，磁化区域每次应有不少于 15 mm 的重叠。

② 线圈法。

线圈法是将工件放在通电线圈中或用软电缆缠绕在工件上通电磁化，形成纵向磁场，用于发现工件的周向（横向）缺陷，如图 2.2.10 所示。用线圈法可以对管道环焊缝做磁粉检测，可以发现环焊缝及其热影响区的纵向裂纹。一般线圈缠绕 4~6 匝。线圈法适用于纵长工件，如焊接件、轴、管子、棒材、铸件和锻件的磁粉检测。

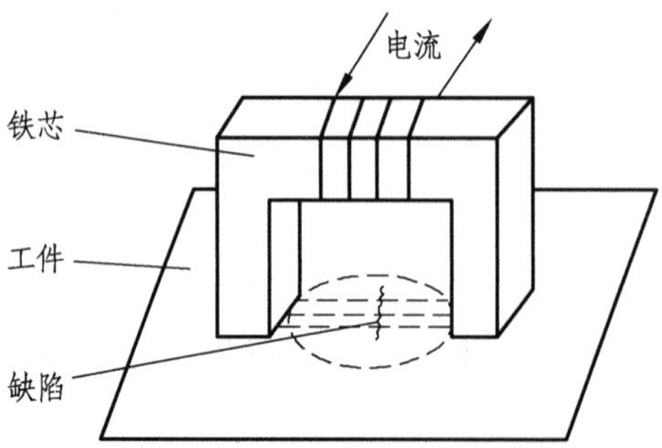

图 2.2.9　磁轭法

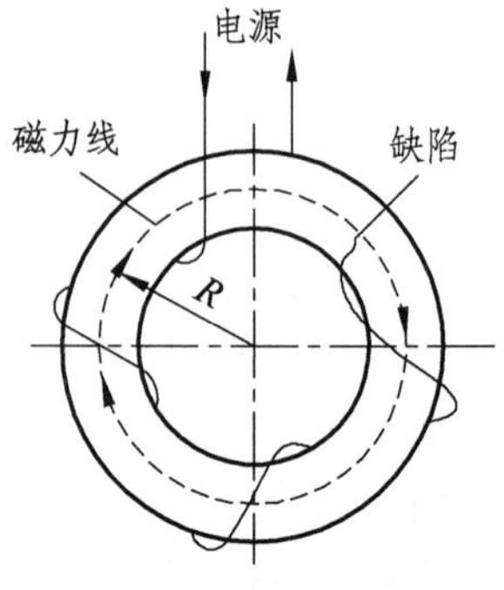

图 2.2.10　线圈

（3）复合磁化。

复合磁化将周向磁化和纵向磁化的两次磁化过程合二为一，同时在被检工件上施加 2 个或 2 个以上不同方向的磁场，合成磁场的方向在被检区域内随着时间变化，经一次磁化就能检出各种不同取向的缺陷，如图 2.2.11 所示。在复合磁化法中交叉磁轭复合磁化是常用的一种。

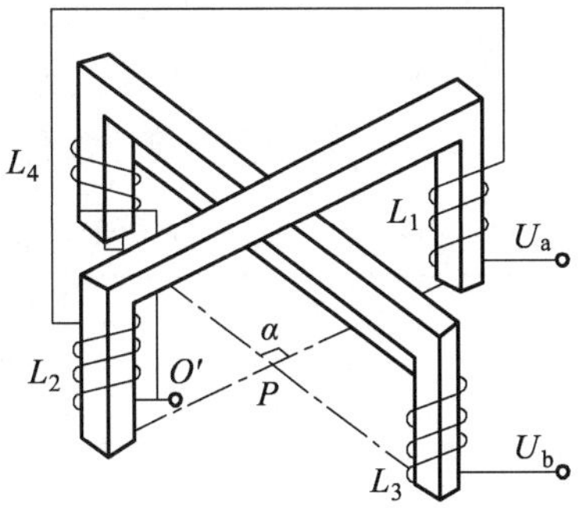

图 2.2.11　复合磁化法

3. 磁化规范

（1）磁化规范的制订。

对工件磁化，选择磁化电流值或磁场强度值时所遵循的规则称为磁化规范。

工件被磁化并施加磁粉或磁悬液后，微小缺陷处是否有足够的漏磁场吸引磁粉，关键是看工件本身是否有足够的磁感应强度 B。而 B 的大小与外加磁场强度 H 有关，而 H 的大小与磁化电流的大小有关。所以，磁化电流规范的选择是极其重要的，它将影响到探伤的灵敏度。

① 制订磁化规范应考虑因素：

a. 根据工件的材料、热处理和磁特性，确定采用连续法还是剩磁法。

b. 根据工件的尺寸、形状、表面状态和要检出的缺陷的种类、位置、形状和大小，确定磁化方法、磁化电流种类和有效磁化区。

② 制订磁化规范的方法：

a. 经验公式计算。

对于工件形状规则的，磁化规范可用经验公式计算，如 $I=(8\sim15)\ D$ 等，这些公式可提供一个大概的指导，使用时应与其他磁场强度监控方法结合使用。

b. 用毫特斯拉计（高斯）测量工件表面的切向磁场强度。

测量时，将磁强计的探头放在被检工件表面，确定切向磁场强度的最大值是否满足磁化规范要求，可以替代用经验公式计算出的电流值，这样制订的磁化规范也比较可靠。

c. 利用材料的磁特性曲线，确定合适的磁场强度。

磁特性曲线可以参考《常用钢材磁特性曲线速查手册》。由于各种材料及其在不同热处理状态下的磁性都不同，因而对每种工件都去测定其磁化曲线是不现实的。但对于工作中常遇到的材料，一般总能找到一个可满足检测条件的磁场范围。无论采用何种磁化方法，在制订磁化规范时，必须将磁化工作点选在磁性曲线上最大磁导率 μ_0 的右侧，即应根据磁特性曲线，选择比最大磁导率 μ_0 所对应的磁场强度 H 较大的值，这样才能得到合适的磁化。

d. 用标准试片确定磁化规范。

用标准试片上的磁痕显示程度确定磁化规范。尤其对于形状复杂的工件，难以用计算法求得磁化规范时，把标准试片贴在被磁化工件的不同部位，可确定大致理想的磁化规范。

（2）轴向通电法和中心导体法的磁化规范。

轴向通电法和中心导体法的磁化规范见表 2.2.1。中心导体法可用于检测工件内、外表面与电流平行的纵向缺陷和端面的径向缺陷。外表面检测时应尽量使用直流电或整流电。

轴向通电磁化电流的计算公式为 $H=\dfrac{1}{\pi D}$。

在特种设备行业，轴向通电（周向）磁化法主要用于锻件和螺栓件的检查。

表 2.2.1　轴向通电法和中心导体法的磁化规范

检测方法	磁化电流计算公式	
	AC	FWDC
连续法	$I=(8\sim15)D$	$I=(12\sim32)D$
剩磁法	$I=(25\sim45)D$	$I=(25\sim45)D$

注：① I—磁化电流，A；D—工件直径，mm。

② 对于非圆柱形工件，D 为工件横截面上最大尺寸，mm。

根据产品质量的要求，磁化规范应选用标准规范的上限值。因此，取 $H_1=3\,680$ A/m，$H_2=6\,400$ A/m，$H_3=8\,000$ A/m，$H_m=16\,000$ A/m。代入磁化电流计算公式，有：

直流电和整流电：

连续法 $I=(H_1\sim H_2)\ \pi D=(11.55\sim20.09)\ D$，取 $I=(12\sim32)D$（上限值提高）。

剩磁法 $I=(H_3\sim0.9H_m)\ \pi D=(25.12\sim45.216)\ D$，取 $I=(25\sim45)D$。

交流电连续法：

因为 $I_{交}=0.707I_{直}$，又因为交流电有趋肤效应，所以取 $I_{交}=0.5I_{直}$。代入磁化电流计算公式得：$I=(8\sim15)\ D$（上限值也有所提高）。

例 2-1　一截面为 50 mm × 50 mm，长为 1°000 mm 的方钢，要求工件表面磁场强度为 8°000 A/m，求所需的磁化电流值。

解： 工件截面最大尺寸 $D=50\times\sqrt{2}\approx70.7$(mm)

因此，所需的磁化电流值 $I=8\,000\times70.7\times3.14/1\,000=1\,776$ (A)

（3）偏置芯棒法磁化规范。

当采用中心导体法磁化时，若工件直径大、设备的功率电流值不能满足，可采用偏置芯棒法磁化。应依次将芯棒紧靠工件内壁（必要时对与工件接触部位的芯棒进行绝缘）停放在不同位置，以检测整个圆周，在工件圆周方向表面的有效磁化区为芯棒直径 d 的 4 倍，并应有不小于 10%的磁化重叠区。磁化电流仍按表 2.2.1 中的公式计算，只是工件直径 D 要按芯棒直径加 2 倍工件壁厚之和计算。

例 2-2　有一钢管，规格为 ϕ180 mm×17 mm×1 000 mm，用偏置芯棒法检验管内、外壁的纵向缺陷，应采用多大的磁化电流？若采用直径为 25 mm 的芯棒时，需移动几次才能完成全部表面的检验？

解： 芯棒直径 $D=25$ mm，当采用直流电或整流电连续法时

$$I = (12 \sim 32)\times(25+2\times17) = (708 \sim 1888)\ (\mathrm{A})$$

又因为检测范围为 $4D = 4\times25 = 100(\mathrm{mm})$，钢管外壁周长为 $L = \pi\phi = 3.14\times180 \approx 570(\mathrm{mm})$，考虑到检测区 10%的重叠，所以完成全部表面的检验需移动芯棒次数为：

$$N = \frac{L}{4D(1-10\%)} = \frac{570}{100\times0.9} \approx 6.3$$

取整数，$N = 7$。

答：当芯棒直径为 25 mm 时，用偏置芯棒法全面检验钢管需 708 ~ 1 888 A 磁化电流，钢管应移动 7 次。

（4）触头法磁化规范。

触头法磁化时，电极间距 L 一般应控制在 75 ~ 200 mm 之间。磁场的有效宽度为触头中心线两侧 1/4 间距。两次磁化区域之间应有不小于 10%的磁化重叠区。

连续法检验的触头法磁化电流值见表 2.2.2。磁化电流应根据标准试片实测结果校正。

表 2.2.2　触头法磁化电流值

工件厚度 T/mm	电流值 I/A
$T<19$	$I =（3.5 \sim 4.5）L$
$T\geqslant19$	$I =（4 \sim 5）L$

注：I—磁化电流；L—两触头间距，mm。

例 2-3　有一板材对接焊缝，板厚为 20 mm，采用触头间距固定为 150 mm 的探伤仪来检查，需要多大磁化电流？

解：因为 $L = 150$ mm，$T = 20$ mm，所以

$$I = (4 \sim 5)L = (600 \sim 750)\ (\mathrm{A})$$

（5）磁轭法磁化规范。

① 磁轭法的提升力。

磁轭法的提升力是指通电电磁轭在最大磁极间距时（有的指磁极间距为 200 mm 时），对铁磁性材料的吸引力是多少。磁轭的提升力大小反映了磁轭对磁化规范的要求，即当磁轨磁感应强度的峰值 B_m 达到一定大小所对应的磁轭吸引力。对于一定的设备和工件，磁轭的吸引力 F 与铁素体钢板的磁导率、磁极间距、磁极与钢板的间隙及移动情况都有关。当上述因素不变时，磁感应强度峰值 B_n 与磁轭吸引力有一定的对应关系。但当磁极间距 L 变化时，将使磁感应强度峰值 B_m 随之改变，这就是讲提升力大小时必须注明磁极间距 L 的原因。

② 磁轭法的检测灵敏度。

磁轭法磁化时，检测灵敏度可根据标准试片上的磁痕显示和电磁轭的提升力来确定。磁轭法磁化时，两磁极间距 L 一般应控制在 75 ~ 200 mm 之间。当使用磁轭最大间距时，交流电磁轭至少应有 45 N 的提升力；直流电磁轭至少应有 177 N 的提升力；交叉磁轭至少应有 118 N 的提升力（磁极与试件表面间隙为 0.5 mm）。采用便携式电磁轭磁化工件时，其磁化规范应根据标准试片上的磁痕显示来验证；如果采用固定式磁轭磁化工件时，应根据标准试片上的磁痕显示来校验灵敏度是否满足要求。

二、实训部分

提升力和灵敏度测试

1. 实训目的

在磁粉检测之前，为了保证检测数据的准确性，要先进行提升力和灵敏度测试。

2. 实训设备及备品

便携式磁粉探伤仪、磁粉、钢轨、扁铲、钢丝刷等。

3. 实训方法及步骤

（1）调试灵敏度：利用灵敏度试块校核磁场强度、方向及磁粉的使用性能，观察其显示缺陷磁痕的能力。试片的使用方法、粘贴方法：先洗净试片防锈油，将试片开槽的一面紧贴于清洁的被检查工件表面，用胶带贴紧，但不得盖住试片的槽部，两磁轭间距调整至 100 mm。接通电源后将磁轭挡在试片两端，看其槽部磁痕聚集情况。磁化电流的选择是影响磁粉检验灵敏度的关键因素。标准灵敏度试片的种类与形式很多，通常采用 A 型标准试片 2 号（30/100）来进行探伤的磁化电流选择。将试片后面贴服在工件上，调节并施加合适的磁化电流（分别调周向、纵向），能使试片人工缺陷清晰显示。该磁化电流值即为合适的磁化规范。

（2）提升力测试：根据规范，用试块进行提升力检验，要求至少能提起 4.59 kg 的试块。

【二维码视频】

提升力及灵敏度测试

提升力和灵敏度测试实训报告

1. 基本信息

日期：　　　年　　月　　日　　　　天气：

班级：　　　　　　　　　　　　　　姓名：

组别：　　　　　　　　　　　　　　实训地点：

2. 实训的意义

3. 实训设备及备品

4. 实训步骤

5. 心得体会

6. 考核评价

任务三　磁粉检测作业

磁粉检测作业任务单	
任务描述	刚刚收到A公司的委托，需对一批工件进行磁粉探伤，并出具报告
任务知识点与技能点	知识点：磁粉检测的工艺流程。 技能点：利用磁粉探伤设备检测工件并出具报告
任务实施	1. 掌握磁粉检测工艺流程； 2. 观看《磁粉探伤作业》实作演示视频，掌握磁粉检测流程及技巧； 3. 利用磁粉检测工艺对工件进行检测，分组探讨，并出具报告
评分标准	1. 团队合作等职业素养30分。 2. 知识掌握情况20分。 3. 设备使用及伤损检测40分。 4. 实训报告10分
本任务职业素养要求	实践出真知（有机融入铁路“最美女探花”故事）

一、理论部分

磁粉检测工艺，是指包含磁粉检测的预处理、磁化、施加磁粉或磁悬液、磁痕的观察与记录、缺陷评级、退磁和后处理七个程序的全过程。

1. 预处理

因为磁粉检测用于对工件的表面缺陷和近表面缺陷进行检测，所以工件的表面状态对于磁粉检测的操作和检测灵敏度均有很大的影响。故磁粉检测前，对工件应做好以下预处理工作：

（1）清除。

清除工件表面的油污、灰尘、铁锈、毛刺、氧化皮、金属屑、焊渣、加工标记、厚的或松动的油漆等保护涂层，以及一些外来的会影响灵敏度的物质。使用水磁悬液时，工件表面要严格除油；使用油磁悬液时，工件表面不应有水分。干法检验时，工件表面应干净和干燥。清除工件表面的油污和润滑脂，可采用蒸汽除油或溶剂清洗，但不允许用硬金属丝刷清除。使用过的零件应去除表面积碳层及涂层后再进行磁粉检测。

（2）打磨。

有非导电覆盖层的工件用轴向通电法和触头法磁化时，为防止电弧烧伤工件表面和提高导电性，必须将工件与电极接触部位的非导电覆盖层打磨掉。

另外，实际检测过程中被检工件表面的不规则状态不得影响检测结果的正确性和完整性，否则应做适当的修理，且打磨后被检工件的表面粗糙度 Ra。应小于等于 25 μm。如果被检工件表面残留有涂层，当涂层厚度均匀且不超过 0.05 mm，不影响检测结果时，经各方同意，可以带涂层进行磁粉检测。

（3）分解。

装配件一般应分解后再进行检测。因为：

① 装配件的形状和结构一般都比较复杂，磁化和退磁困难。

② 分解后检测容易操作。

③ 装配件动作面（如滚珠轴承）流进磁悬液后难以清洗，会造成磨损。

④ 分解后能观察到所有检测面。

⑤ 交界处可能产生漏磁场形成磁痕显示，容易与缺陷的磁痕显示相混淆。

（4）封堵。

若工件有盲孔和内腔，磁悬液流进后难以清洗时，检测前应将孔洞用非研磨性材料封堵上。但检验使用过的工件时，应确保封堵物不掩盖疲劳裂纹。

（5）涂敷。

如果磁粉与工件表面颜色的对比度小，或工件表面过于粗糙而影响磁痕显示时，为了提高对比度，可以使用反差增强剂。

2. 磁化

磁化工件是磁粉检测中较为关键的工序，对检测灵敏度影响很大。磁化不足会导致缺陷的漏检；磁化过度，会产生非相关显示而影响缺陷的正确判别。

磁化工件时，要根据工件的材质、结构尺寸、表面状态和需要发现的不连续性的性质、位置和方向来选择磁粉检测方法和磁化方法、磁化电流、磁化时间等工艺参数，使工件在缺陷处产生足够强度的漏磁场，以便吸附磁粉形成磁痕显示。

3. 施加磁粉或磁悬液

施加磁粉或磁悬液要注意掌握施加的方法和施加的时机。连续法和剩磁法、干法和湿法对施加磁粉或磁悬液的要求各不相同。

（1）连续法。

① 应用范围。

a. 适用于所有铁磁性材料和工件的磁粉检测。

b. 工件形状复杂不易得到所需剩磁时。

c. 适用于检测表面覆盖层较厚（标准允许范围内）的工件。

d. 使用剩磁法检验时，设备功率达不到要求时。

② 操作要点。

a. 湿连续法：先用磁悬液润湿工件表面，在通电磁化的同时浇磁悬液，停止浇磁悬液后再通电数次，通电时间为 1 ~ 3 s，停止施加磁悬液至少 1 s 后，待磁痕形成并滞留下来时方可停止通电，再进行磁痕观察和记录。

b. 干连续法：对工件通电磁化后开始喷撒磁粉，并在通电的同时吹去多余的磁粉，待磁痕形成与磁痕观察和记录完后再停止通电。

（2）剩磁法。

① 应用范围。

a. 凡经过热处理（淬火、回火、渗碳、渗氮及局部正火等）的高碳钢和合金结构钢，矫顽力在 1 kA/m，剩磁在 0.8 T 以上者，才可进行剩磁法检测。

b. 用于因工件几何形状限制，连续法难以检测的部位，如螺纹根部和筒形件内表面。

c. 用于评价连续法检测出的磁痕显示是属于表面还是属于近表面缺陷显示。

② 操作要点。

a. 磁粉应在通电结束后再施加，一般通电时间为 0.25 ~ 1 s。

b. 浇磁悬液 2 ~ 3 遍，保证工件各个部位得到充分润湿。

c. 若浸入搅拌均匀的磁悬液中，一般控制在 10 ~ 20 s 后取出进行检验，时间过长会产生过度背景。

d. 磁化后的工件在检验完毕前，不要与任何铁磁性材料接触，以免产生磁写。

（3）湿法。

① 应用范围。

a. 适用于特种设备上的焊缝、宇航工件及灵敏度要求较高的工件的检测。

b. 适用于大批最工件的检测，常与固定式设备配合使用，磁悬液可回收。

c. 适用于检测表面微小缺陷，如疲劳裂纹、磨削裂纹、焊接裂纹和发纹等。

② 操作要点。

a. 磁悬液施加可采用浇法、喷法和浸法，但不能采用刷涂法。

b. 连续法宜用浇法和喷法，液流要微弱，以免冲刷掉缺陷上已形成的磁痕显示。

c. 剩磁法宜用浇法、喷法和浸法。浇法和喷法灵敏度低于浸法；浸法的浸放时间一般控制在 10 ~ 20 s，时间过长会产生过度背景。

d. 用水磁悬液时，应进行水断试验。

（4）干法。

① 应用范围。

a. 适用于表面粗糙的大型锻件、铸件、毛坯、结构件和大型焊接件焊缝的局部检查及灵敏度要求不高的工件。

b. 常与便携式设备配合使用，磁粉不进行回收。

c. 适用于检测大的缺陷和近表面缺陷。

② 操作要点。

a. 工件表面要干净和干燥，磁粉也要干燥。

b. 工件磁化时施加磁粉，并在观察和分析磁痕后再撤去磁场。

c. 将磁粉吹成云雾状，轻轻地飘落在被磁化工件表面上，形成薄而均匀的一层。

d. 在磁化时用干燥的压缩空气吹去多余的磁粉，风压、风量和风口距离都要掌握适当，并有顺序地从一个方向吹向另一个方向，注意不要吹掉已经形成的磁痕显示。

4. 磁痕观察、记录

（1）磁痕观察。

磁痕的观察和评定一般应在磁痕形成后立即进行。磁粉检测的结果，完全依赖检测人员的目视观察和评定磁痕显示，所以目视检查时的照明极为重要。

非荧光磁粉检测时，被检工件表面应有充足的自然光或日光灯照明，可见光照度应不小于 1 000 lx，并应避免强光和阴影。当现场采用便携式手提灯照明，由于条件所限无法满足时，可见光照度可以适当降低，但不得低于 500 lx。

荧光磁粉检测时使用黑光灯照明，并应在暗区内进行，暗区的环境可见光照度应不大于 20 lx、被检工件表面的黑光辐照度应大于或等于 1 000 μW/cm²。检测人员进入暗区后，至少应经过 3 min 的暗区适应后，才能进行荧光磁粉检测的操作。检测时检验人员不准戴墨镜或光敏镜片的眼镜，但可以戴防紫外光的眼镜。

当辨认细小磁痕时可用 2 ~ 10 倍的放大镜进行观察。

（2）缺陷磁痕显示记录。

工件上的缺陷磁痕显示记录有时需要连同检测结果保存下来，作为永久性记录。缺陷磁痕显示记录的内容是：磁痕显示的位置、形状、尺寸和数量等。

5. 缺陷评级

磁粉检测出来的磁痕显示，首先要鉴别出是相关显示还是非相关显示或是伪显示，因为只有相关显示是由缺陷引起的，影响工件的使用性能。如果是相关显示还要进一步确定缺陷的性质是裂纹、白点还是非金属夹杂物等，再区分磁痕属于条状磁痕还是圆形磁痕，按磁痕方向确定属于纵向缺陷还是横向缺陷。

6. 退磁

（1）退磁用的磁场强度，应大于（至少要等于）磁化时用的最大磁场强度。

（2）对周向磁化过的工件退磁时，应将工件纵向磁化后再纵向退磁，以便能检出退磁后存在的剩磁大小。

（3）交流电磁化，用交流电退磁；直流电磁化，用直流电退磁。直流退磁后若再用交流电退磁一次，可获得最佳效果。

（4）线圈通过法退磁时应注意：

① 工件与线圈轴应平行，并靠内壁放置。

② $L/D \leqslant 2$ 时，应使用延长块加长后再进行退磁。

③ 小工件不应以捆扎或堆叠的方式放在筐里退磁。

④ 不能采用铁磁性的筐或盘摆放工件退磁。

⑤ 环形工件或复杂工件应一边旋转一边通过线圈进行退磁。

⑥ 工件应缓慢通过并远离线圈 1 m 后方可断电。

⑦ 退磁机应东西方向放置，退磁的工件也应东西方向放置，与地磁场垂直可有效退磁。

⑧ 已退磁的工件不要放在退磁机或磁化装置附近。

7. 后处理

磁粉检测以后，为不影响工件的后续加工和使用，往往在检验后需要对工件进行后处理。后处理内容包括：

（1）清洗工件表面包括孔中、裂缝和通路中的磁粉。
（2）使用水磁悬液检验，为防止工件生锈，可用脱水防锈油处理。
（3）如果使用过封堵，应取出。
（4）如果涂覆了反差增强剂，应清洗掉。
（5）被拒收的工件应隔离。

铁路“最美女探花”： 太原铁路局太原北车辆段轮对车间有唯一的女探伤工程彩霞。经过长期的探伤实践，程彩霞逐渐总结出自己的探伤经验：睁大眼睛找聚点，用手触摸判故障，看清磁粉聚集处，用心体会故障源，嫌疑轮对多复探，寻找规律少误判。经验的积累使程彩霞很快成长为岗位能手，故障判断正确率达到了99%以上。在微机超探、手工复探不能确认的情况下，“嫌疑”轮对都推到了程彩霞的磁粉探伤机前，加班加点更成了家常便饭。在别人看来挺吃亏的事，程彩霞却说，多干点就能多把住一道安全关卡。该工务段党委召开纪念“七一”暨“最美职工展示”表彰会，程彩霞被授予“最美女探花”称号。

二、实训部分

磁粉探伤作业

1. 实训目的

通过本次实训掌握磁粉探伤原理，发现钢轨中的缺陷，学会磁粉探伤操作技术。

2. 实训设备及备品

便携式磁粉探伤仪、磁粉、工件、扁铲、钢丝刷等。

3. 人员分工

每组5~8人，集体讨论，轮流操作。

4. 实训方法

（1）连接设备：接通电源后，检查可动部分是否能动作，电气连接部分是否有噪声和异常振动。

（2）工件表面处理：焊缝、热影响区以及工件打磨处等的表面不应存在焊接飞溅、划痕、锈蚀、焊渣、油漆等可能影响磁粉的正常分布，或影响磁粉堆积物的密集度、特性以及清晰度的杂质，应借助于机械方法进行打磨、铲除。如表面状态不好，存在氧化皮等也可采取喷砂法等措施来清理表面。

（3）磁粉探伤：两磁轭间距调整至100 mm，磁粉探伤机通电后，磁轭在钢轨表面做8字形运动，并在其表面喷洒磁粉，慢走细看，速度不能超过 4 m/min，观察磁轭之间是否有磁粉聚集（磁痕）。对高碳钢或经热处理（淬火、回火、渗碳、渗氮）的结构钢零件用剩磁法探伤；对低碳钢、软钢用连续法探伤。一般直流电结合干磁粉、交流电结合湿磁粉效果较好。采用连续法时，应在施加磁粉工作结束后再切断磁化电流。一般是在磁悬液停止流动后必须再通几次电，每次时间为 0.5 ~ 2 s。采用剩磁法时，通电时间一般为 0.2 ~ 1 s。干法检验时，应使干磁粉喷成雾状；湿法检验时，磁悬液应经过充分的搅拌，然后进行喷洒。检查后照相记录结果。

（4）在检验后（如有退磁，即退磁后）应把所有在试件上的磁粉回收或者清除掉。将试片及工作台清理干净。干式黑色磁粉须以磁粉探伤仪吸起，回收至磁粉罐内。

（5）整理设备，完成实训报告。

5. 注意事项

（1）对已经发现的磁痕，如果难以判断其真伪，应进行退磁，必要时应变换表面状态再进行复验。

（2）当用探伤机不能用一次连续的探伤操作完成整个探伤面时，应规定每一次探伤的有效范围，根据需要进行多次探伤操作，此时相邻探伤范围的边缘部分必须有一定的重叠。

（3）电源进线严格按照技术参数要求配置，必须加装相应功能的自动空气开关。操作使用荧光探伤设备时，眼睛不能直接对着荧光灯观看，人体裸露部分不能长时间直接照射紫外线，必须适当防护。

（4）设备的配置电缆需经过严格计量，不得随意加长或截短，否则可能造成设备磁化电流供应不足，或造成设备过载而损坏。

（5）探伤机输入电源不能与中频或高频设备共用同一条输入电源线，否则探伤机易受中频或高频设备干扰而失控。

（6）每班清洗、打磨电极铜板，确保电极接触良好，定期保养设备。使用油磁悬液时，必须配备干粉灭火器，且操作者能熟练使用。

【二维码视频】

磁粉探伤作业

磁粉探伤作业实训报告

1. 基本信息

日期：　　　　年　　　月　　　日　　　　　　　天气：

班级：　　　　　　　　　　　　　　　　　　　　姓名：

组别：　　　　　　　　　　　　　　　　　　　　实训地点：

2. 实训的意义

3. 实训设备及备品

4. 实训步骤

5. 数据

6. 考核评价

项目三　渗透检测

一、项目描述

本项目主要介绍渗透探伤的相关知识，通过对本项目的学习，学生应基本掌握渗透探伤的相关知识，并通过相应的实验，使理论和实践结合在一起，有利于后期知识的学习。

二、教学目标

1. 知识目标

（1）掌握渗透检测的基本知识。
（2）掌握渗透检测的物理化学知识。
（3）掌握渗透检测的材料、器具。
（4）掌握渗透检测的基本步骤。

2. 能力目标

（1）能进行材料、器具检查。
（2）能进行材料、器具的综合性能测试。
（3）能进行渗透检测作业。

3. 素质目标

（1）具有吃苦耐劳的精神。
（2）具备团队协作的精神。
（3）具备求真、求是的职业精神。
（4）具备节能环保的意识。

任务一　材料、器具检查及综合性能测试

渗透探伤技术检测工件任务单	
任务描述	“小卫士团队”接到一项任务：某单位新购进一批渗透探伤材料、器具，需要进行材料、器具检查及综合性能测试，并出具检测报告
任务知识点与技能点	知识点：渗透探伤的原理及检测材料、器具。 技能点：规范材料、器具检查；综合性能测试及出具报告
任务实施	1. 掌握探伤原理及方法； 2. 掌握探伤流程及技巧； 3. 在钢轨探伤基地，对工件进行检测，分组研讨，出具检测报告，由老师复核并签署意见
评分标准	1. 团队合作等职业素养 30 分； 2. 知识掌握情况 20 分； 3. 设备使用及伤损检测 40 分； 4. 检测报告 10 分
本任务职业素养要求	安全生产（有机融入安全警示）

一、理论部分

1. 渗透探伤基础知识

（1）渗透检测的概念。

渗透检测是检查材料（工件）表面开口缺陷的一种方法。它不受材料磁性，被检部件的形状、大小、组织结构、化学成分和缺陷方位的限制，因而比磁粉检测应用范围更广泛，可广泛适用于锻件、铸件、焊接件等的质量检验，以及金属（磁性或非磁性的）、陶瓷、玻璃、塑料、粉末冶金等各种材料制造的零件之表面开口缺陷的检测。渗透检测受被检物体表面粗糙度的影响较大，不适用于多孔材料及其制品的检测，对大型工件和形状不规则工件的检测及在现场检修检测中，更显示其特有的优点。

（2）渗透检测的特点。

渗透检测的特点有：

① 不受材料组织结构和化学成分的限制，如有色金属、黑色金属、塑料、陶瓷及玻璃等。

② 灵敏度高，可清晰地显示宽 0.5 μm、深 10 μm、长 1 mm 的裂纹。

③ 缺陷显示直观，且同时可显示各个方向的各类缺陷。

④ 原理简明易懂、设备简单、携带方便、检测费用低、适于野外工作。

⑤ 不适于检查多孔性或疏松材料制成的工件或表面粗糙的工件。

⑥ 只能检测表面开口缺陷，对埋藏于表层以下的缺陷无能为力。

⑦ 即使是形状复杂的试件只需一次检测操作就可大致做到全面探测。

⑧ 即使是圆面上的缺陷，也很容易观察出显示痕迹。另外，同时存在几个方向的缺陷时，用一次检测操作就可以完成探测。

⑨ 检测结果往往容易受检测操作人员的技术水平的影响。

⑩ 只能检出缺陷表面分布，不能定量。

⑪ 操作工序较多。

（3）渗透检测的基本过程。

液体渗透检测是将一种含有染料（荧光染料或着色染料）的渗透剂涂覆在零件表面上，在毛细作用下，渗透剂渗入表面开口的缺陷中去，然后去除零件表面上多余的渗透剂，再在零件表面涂上一薄层显像剂，缺陷中的渗透剂在毛细作用下重新被吸附到零件表面上来而形成放大了的缺陷显示，在黑光灯（荧光检验法）或白光灯（着色检验法）下观察缺陷显示。因此，渗透检测的基本原理是渗透液的润湿作用与毛细作用。渗透检测的最基本步骤是渗透、清洗、显像和检验，如图 3.1.1 所示。

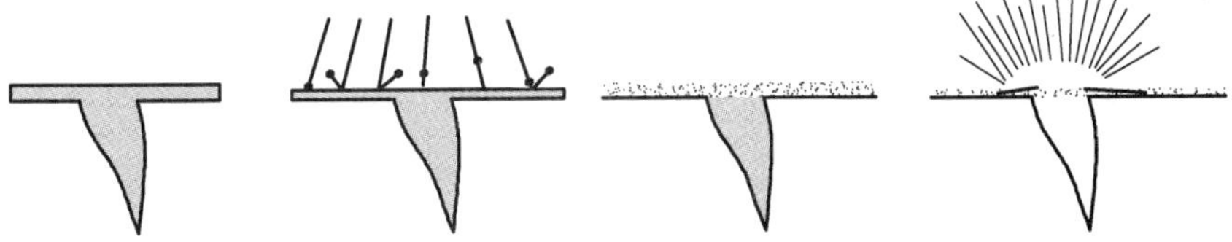

图 3.1.1　渗透检测的基本步骤

2. 渗透检测的物理化学知识

（1）表面张力和表面张力系数。

① 表面张力。

液体的表面张力是两个共存相之间出现的一种界面现象，是液体表面层收缩趋势的表现。液体表面层中的分子一方面受到液体内部分子的吸引力，称为内聚力；另一方面受到相邻的气体分子的吸引力。由于后一种吸引力比内聚力小，因而液体表面层中的分子有被拉进液体内部的趋势，结果引起了表面收缩，在表面的切线方向上便有一种缩小表面积的力，称为表面张力。

表面张力产生的原因：在液体内部每一个分子所受的力是平衡的，即合力为零。液体表面分子受内部液体分子的吸引力大于气体对其的吸引力，使其合力不为零，方向指向液体内部。此合力即表面张力，方向指向液体内部，它总是力图使液体表面积收缩到尽可能达到的最低程度。

表面张力可以用液面对单位长度边界线的作用力来表示，即用表面张力系数来表示，其单位为达因/厘米（dyn/cm）。

$$1\ \text{dyn/cm} = 10^{-3}\ \text{N/m}$$

② 表面张力系数。

表面张力 f 与液面的长度 L 成正比：$f = \sigma L$，$\sigma = f/L$，σ 称为表面张力系数，单位为 N/m。表面张力系数与液体的种类和温度以及有无杂质有关。一般来说，容易挥发的液体（如丙酮、酒精）的表面张力系数要比不容易挥发的液体（如水银）的表面张力系数小；同一种液体在高温时比在低温时表面张力系数小；含有杂质的液体比纯净的液体表面张力系数小。

（2）润湿现象。

① 润湿和不润湿。

润湿是固体表面上的气体被液体取代的过程。渗透液润湿金属表面或其他固体材料表面的能力，是判定其是否具有高的渗透能力的一个最重要的性能。

液体和固体接触时，出现两种不同的情况：一种是如同水滴在无油脂玻璃板上那样，水滴沿玻璃面慢慢散开，即液体与固体表面的接触面有扩大的趋势，这是液体润湿固体表面的现象，如图 3.1.2（b）所示；另一种现象就像水银滴在玻璃上收缩成水银珠那样，即液体与固体表面的接触面有缩小的趋势，这是液体不润湿固体表面的现象，如图 3.1.2（a）所示。图中 θ 叫作液体对固体表面的接触角。接触角是液面在接触点的切线与包括该液体的固体表面之间的夹角。一种液体对某种固体表面的接触角小于 90° 时，我们称该液体对该固体表面是润湿的。接触角越小，说明液体对固体表面润湿能力越好。

（a）不润湿　　（b）润湿

图 3.1.2　润湿现象

液体与固体表面接触时，润湿和不润湿现象是由液体分子间的引力和液体与固体分子间的引力大小来决定的。前者为液体中的内聚力，后者为液体和固体间的附着力。附着力大于液体分子间的内聚力时，液体沿固体表面扩散开来，发生润湿现象；液体分子间的内聚力大于液体与固体间的附着力时，液体在固体表面上收缩成珠，发生不润湿现象。同一种液体，对不同的固体来说，可能是润湿的，也可能是不润湿的。水能润湿无油脂的玻璃，但不能润湿石蜡；水银不能润湿玻璃，但能润湿干净的锌板。

内聚力大的液体，其表面张力系数也大，对固体表面的接触角也大，因此，液体的表面张力与液体对固体表面的接触角成正比，即液体的表面张力系数越大，对同样的固体表面的接触角也越大，反之亦然。

② 接触角和润湿方式。

a. 接触角 θ。

液体对固体的润湿程度，可以用它们的接触角的大小来表示。把两种互不相溶的物质间的交界面称为界面，则接触角 θ 就是指液固界面与液气界面处液体表面的切线所夹的角度（从三相交点向液体表面做切线，与固液界面之间的夹角即为接触角）。由图 3.1.2 可知，θ 越大，液体对固体工件的润湿能力越小。

渗透检测中，渗透液对工件表面的良好润湿是进行渗透检测的先决条件。只有当渗透液能充分润湿工件表面时，渗透液才能向狭窄的缝隙内渗透。此外，渗透液还必须能润湿显像剂。

b. 润湿的三种方式和四个等级。

润湿的三种方式为沾湿润湿、浸湿润湿和铺展润湿。当 $\theta \leqslant 180°$ 时，发生沾湿润湿；当 $\theta \leqslant 90°$ ，发生浸湿润湿；当 $\theta \leqslant 0°$ ，发生铺展润湿。

润湿的四个等级分别是完全润湿、润湿、不润湿、完全不润湿。

当接触角 θ 为 0°，即 $\cos\theta = 1$ 时，液滴在固体表面接近于薄膜的形态，此情况称为完全润湿。

当接触角 θ 在 0°~90°之间，即 $0<\cos\theta<1$ 时，液滴在固体表面上成为小于半球形的球冠，这种情况称为润湿。

当接触角 θ 在 90°~180°之间，即 $-1<\cos\theta<0$ 时，液滴在固体表面上成为大于半球形的球冠，这种情况称为不润湿。

当接触角 θ 为 180°，即 $\cos\theta = -1$ 时，液滴在固体表面上成为球形，它与固体之间仅有一个接触点，这种情况称为完全不润湿。

同一种液体，对不同的固体而言，它可能是润湿的，也可能是不润湿的。在液体中加入表面活性剂，则液体的表面张力变小，接触角变小，润湿性能提高。

润湿现象所反映的润湿性能综合反映了液体的表面张力和接触角两种物理性能指标。

（3）毛细现象。

① 毛细管和毛细现象。

如果把内径小于 1 mm 的玻璃管（称毛细管）插入盛有水的容器中，水即沿着管内壁自动上升，使玻璃管中液面高出容器里的液面，如图 3.1.3（a）所示。这种能使水在毛细管中自动上升的力，称为毛细作用力。

水是润湿玻璃管壁的，润湿管壁的液体在毛细管中是上升的。如果一种液体不润湿管壁，如水银，水银在毛细管中是下降的，如图 3.1.3（b）所示。

润湿管壁的液体在毛细管中上升和不润湿管壁的液体在毛细管中下降的现象就叫作毛细现象。

毛细现象并不局限于一般意义上的毛细管，例如两平行板间的夹缝，各种各样的棒、纤维、颗粒堆积物的空隙都是特殊形式的毛细管。

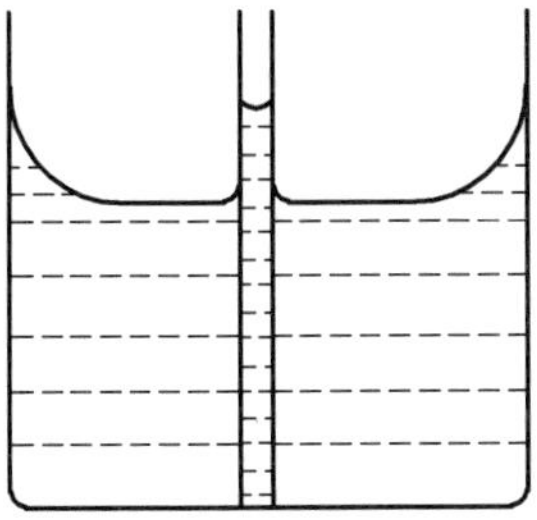

（a）水在毛细管中上升的现象

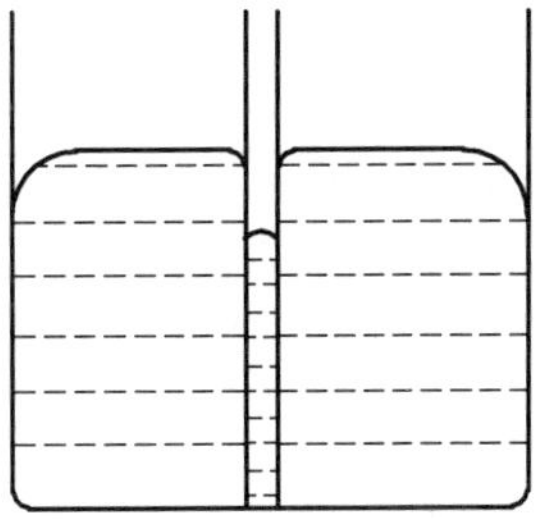

（b）水银在毛细管中下降的现

图 3.1.3　毛细现象

② 弯曲液面的附加压强。

由于液体表面张力的存在，弯曲的液面会产生附加的压强。液体的表面张力系数越大，弯曲液面的曲率半径越小，则产生的附加压强越大。

③ 毛细现象中的液面高度。

毛细管在润湿液体中，由于润湿作用，靠近管壁的液面就会上升，形成表面凹下，在弯曲液面的附加压强下，液体表面向上收缩，而形成平面；随后，润湿作用又起主导作用，靠近管壁的液面又上升，重新形成表面凹下的弯曲液面，弯曲液面在附加压强的作用下再次上升。如此循环，使毛细管的液面逐渐上升，一直到向上的弯曲液面附加压强的作用力与毛细管内升高的液柱质量相等时，达到平衡，才停止上升。

液体在毛细管中上升的高度与表面张力系数和接触角余弦的乘积成正比，与毛细管的内半径、液体的密度和重力加速度成反比。只有液体润湿固体时，液体在毛细管中才会上升。

渗透检测时，可将零件表面的开口缺陷看作毛细管或毛细缝隙，液体渗透剂也正是在毛细作用力下自动地渗进表面缺陷中去的。值得指出的是，渗透剂渗入表面开口缺陷中去的力不是来源于渗透剂的重力，因为即使缺陷的开口朝下，渗透剂照样能渗进缺陷中去。

渗透检测时，在清洗掉零件表面多余的渗透剂后，缺陷中的渗透剂在附着力的作用下，能重新扩展回到清洁干净的表面上来，直到达到分布平衡，因此在不进行显像的情况下，缺陷处也能产生显示。显像剂的作用如同吸墨纸一样，是利用显像剂在缺陷处形成很多小的毛细管作用，将缺陷中的渗透剂吸附到零件表面上来，形成一个放大的缺陷显示。所以，显像剂吸附缺陷中渗透液的过程也是一种毛细现象。

（4）表面活性和表面活性剂。

① 定义及分类。

能使溶剂表面张力降低的性质称为表面活性。具有表面活性的物质称为表面活性物质。当在溶剂中加入少量的表面活性物质时，能明显地降低溶剂的表面张力，改变溶剂的表面状态，产生润湿、乳化、起泡及增溶等一系列作用，这种表面活性物质称为表面活性剂。

表面活性剂有离子型和非离子型两类。其中非离子型表面活性剂在水溶液中不电离，稳定性高，具有较好的溶解性能，在一般固体表面上也不发生强烈吸附。渗透检测中常用的是非离子型表面活性剂。

② 表面活性剂的分子结构。

表面活性剂分子一般总是由非极性的亲油疏水的碳氢链部分和极性亲水疏油的基团共同组成的，而且这两部分分处两端，形成不对称的结构。因此，表面活性剂分子是一种两亲分子，具有既亲水又亲油的两亲性质。这种两亲分子既能吸附在油水界面上，降低油水界面的界面张力，又能吸附在水溶液表面上，降低水溶液的表面张力。

③ 表面活性剂在溶液中的特性。

a. 胶团化作用。

表面活性剂在溶液中的浓度超过一定值时，会从单体缔合形成胶态聚集物，形成胶团。形成胶团时，亲油基聚集于胶团之内，亲水基朝外。

b. 吸附作用。

吸附作用指表面活性剂在两相界面上发生的相对聚集的现象。吸附使表面活性剂分子形成定向排列，极性的亲水基朝向水或水溶液，亲油基朝外。

c. 增溶作用。

增溶作用指水溶液中表面活性剂的存在能使原来不溶或微溶于水的有机化合物的溶解度显著增加。在未达到临界胶团浓度以前，并没有增溶作用。表面活性剂在溶液中的浓度越大，胶团形成越多，增溶作用越显著。

d. 亲水性。

亲水性大小是表面活性剂的一项非常重要的指标。非离子型表面活性剂的亲水性，可用亲水基的分子量大小来表示，称为亲憎平衡值，即 H.L.B 值：H.L.B =（亲水基部分的分子量/表面活性剂的分子量）×20。H.L.B 值越高，亲水性越强。

④ 乳化作用。

a. 乳化现象和乳化剂。

由于表面活性剂的作用使本来不能混合到一块的两种液体（油水）能够混合到一起的现象称为乳化现象。具有乳化作用的表面活性剂称乳化剂。

b. 乳化形式。

乳状液是一种液体分散于另一种不相溶的液体中形成的胶体分散体系，外观常呈乳白色不透明液状。乳状液中以液滴形式存在的那一相称为分散相（也称内相、不连续相），另一相是连成一片的，称为分散介质（也称外相、连续相）。

常见的乳状液，一般都有一相是水或水溶液，通常称为“水”相；另一相是与水不相溶的有机相，常称为“油”相。外相为水，内相为油的乳状液叫作水包油型乳状液（牛奶），以 O/W 表示；外相为油，内相为水的乳状液叫作油包水型乳状液（原油），以 W/O 表示。

c. 渗透检测中的乳化现象。

渗透检测时，使用后乳化型渗透液，去除零件表面多余的渗透液时，一般使用水包油型乳化剂进行乳化清洗。此时，渗透液是乳化的对象，由于乳化的目的是要将零件表面多余的渗透液清洗掉，故乳化剂还应有良好的洗涤作用。H.L.B 值在 11~15 范围内的乳化剂，既具有乳化作用，又有洗涤作用，是比较理想的去除剂。

（5）渗透检测中的光学知识。

① 可见光和紫外线。

a. 可见光（白色光）。

着色渗透检测时，白光下可观察到缺陷的显示。白色光波长 400~760 nm，日光、白炽灯或高压水银灯均可发出白色光。

b. 紫外线（黑光）。

荧光渗透检测时，在紫外线照射下，缺陷发出明亮的荧光，在暗场才可以观察到。紫外线波长 330~390 nm。

② 光致发光。

被紫外线激发而发光的现象，称为光致发光。光致发光物质分为磷光物质和荧光物质。前者在外界光源停止照射后，仍可持续发光，后者则立刻停止发光。

光致发光现象是原子从高能级轨道跃迁到低能级轨道时产生的。

（6）可见度和对比度。

① 对比度。

某个显示和围绕这个显示背景之间的亮度和颜色之差，称为对比度。对比度可用某个显示和显示表面背景之间反射光或发射光的相对量来表示，这个相对量称为对比率。试验表明，红色染料显示与白色显像剂背景之间的对比率约为 6∶1，而荧光显示与不发荧光的背景之间的对比率却有 300∶1，甚至达到 1 000∶1。这是荧光检测灵敏度较高的一个原因。

② 可见度。

可见度是观察者相对于背景、外部条件下能看到显示的一种特征，是用来衡量缺陷能否被观察到的指标。人眼的观察机能：在强白光下，对颜色和对比度的差别的辨别能力强，在暗光中（黑暗），对微弱发光体辨别能力强。

3. 渗透检测材料和器具

（1）渗透剂。

渗透检测中所用的液体渗透剂有荧光渗透剂和着色渗透剂两大类，每一类又有水洗型、后乳化型和溶剂去除型之分。此外还有一些其他特殊用途的渗透剂。渗透剂是渗透检测中最关键的材料，渗透剂的质量直接影响检测的灵敏度。

① 理想的渗透剂。

理想的渗透剂应具备以下的性能：

a. 能很容易地渗入零件表面细微的缺陷中去。

b. 能停留在表面开口的缺陷中，即使是浅面宽的开口缺陷，渗透剂也不容易从缺陷中清洗出来。

c. 不容易挥发，不会很快地干在零件表面上。

d. 容易从被涂覆过的零件表面上清除掉。

e. 易于从缺陷中吸附到零件表面上来，即使缺陷很细微，也要易于吸附到零件表面上来。

f. 扩展成薄膜时，仍有足够的荧光亮度或颜色强度。

g. 当暴露于热、光及紫外线下时，化学和物理性能稳定，有持久的荧光亮度和颜色强度。

h. 不受酸和碱的影响。

i. 在存放和使用过程中，各种性能稳定，不分解、不混浊、不沉淀。

j. 对被检材料和存放容器无腐蚀。

k. 无不良气味。

l. 闪点高，不易着火。

m. 无毒，对人体无害，不污染环境。

n. 价格便宜。

任何一种渗透剂不可能完全达到理想的程度，只能尽量接近理想的水平。每种渗透剂的配制都应采取折中的方案，或者是突出某一项或某几项性能指标。例如，水洗型渗透剂突出了“易于从被涂覆过的表面上去除掉”的性能，后乳化型渗透剂则突出了“能保留在浅面宽的缺陷中”的特点。

② 渗透剂分类。

A. 按渗透剂的色调分类。

按照渗透剂色调可分为荧光渗透剂和着色渗透剂两种。

荧光渗透剂中含有荧光材料，在暗室紫外线灯下呈黄绿色。着色渗透剂中含红色染料，在自然光下或白光下可以观察出红色的缺陷显示迹痕。只要在明亮的地方，不管在室内还是室外都可以进行检测。与荧光渗透剂相比，其使用不大受检测场所、电源和检测装置等条件的限制。

B. 按渗透剂清洗方式分类。

按渗透剂的清洗方法可分水洗型、后乳化型和溶剂清洗型三大类。

渗透剂按照其色调的不同和清洗方法的不同共可分为如下六种类型：水洗型着色渗透剂、后乳化型着色渗透剂、溶剂去除型着色渗透剂、水洗型荧光渗透剂、后乳化型荧光渗透剂、溶剂去除型荧光渗透剂。

a. 水洗型着色渗透剂。

其分为以下两种：

水基型着色渗透剂。以水作为渗透溶剂，在水中溶解染料，可直接用水清洗。优点是价格便宜、易清洗、安全无毒、不可燃、不污染环境。缺点是渗透能力差、检测灵敏度低、用于检测对灵敏度要求不高、渗透液会与工件发生反应而破坏工件，以及同油类接触易爆炸的部件。

自乳化型着色渗透剂。自乳化型渗透剂本身含有乳化剂，可直接用水清洗，也因此称为水洗型着色渗透剂，由油基溶剂、互溶剂、红色染料、乳化剂等组成。其优点是渗透能力强、灵敏度比水基着色渗透液高、成本低。缺点是易吸收空气中的水分产生沉淀。

b. 后乳化型着色渗透剂。

后乳化型着色渗透剂本身用水是洗不掉的，要把乳化剂加到试件表面的渗透液上，再用水洗净。其基本成分为油基渗透溶剂、互溶剂、染料、增光剂、润湿剂等。其优点是渗透能力强，灵敏度高，毒性低；缺点是不含乳化剂因而不能直接用水清洗，需经过乳化工序后才能用水清洗，不适于检测表面粗糙、有盲孔或带螺纹的工件，渗透液中乙酸已酯有难闻的刺激性气味。适于检查浅而细微的表面缺陷。

c. 溶剂去除型着色渗透剂。

溶剂去除型着色渗透剂是用有机溶剂进行清洗去除的，其基本成分是红色染料、油性溶剂、互溶剂润湿剂等。优点是渗透能力强，用丙酮等有机溶剂直接清洗，灵敏度较高。其常装在喷灌中，与清洗剂、显像剂配套出售。；缺点是检查成本高，效率低，有毒性。适于大型工件的局部检测和无电无水的野外作业。

d. 水洗型荧光渗透液剂。

其分为以下两种：

水基型荧光渗透剂。基本成分是荧光染料和水，特点及适用范围与水基型着色渗透剂基本相同，但灵敏度高。

自乳化型荧光渗透剂。基本成分是荧光染料、油性溶剂、渗透溶剂、乳化剂等。渗透能力强，可直接用水冲洗，成本低，检测灵敏度高。

e. 后乳化型荧光渗透剂。

其基本成分为荧光染料、油性溶剂、渗透溶剂、互溶剂、润湿剂等。缺陷中的渗透液不易清洗，所含溶剂的比例比自乳化型荧光渗透液高，目的在于溶解更多的染料。优点是密度比水小，抗水污染能力强，不受酸或碱的影响；检测灵敏度高，特别适于检测浅而细微的表面缺陷。适用于要求较高的工件检测，但同样要求工件表面光洁、无盲孔和螺纹等。

f. 溶剂去除型荧光渗透剂。

其基本成分为荧光染料、油性溶剂、渗透剂、增光剂等，可直接用有机溶剂清洗，灵敏度较高，可用于无水的地方检验。

③ 其他渗透液。

a. 着色荧光渗透液。在灯光下或日光下呈暗红色，在紫外灯下发出明亮的荧光。它是由特殊的染料、溶剂、渗透剂及某些附加成分组成，并不是着色染料与荧光染料混在一起。

b. 化学反应渗透液。将无色或淡黄色的染料溶解在无色的溶剂中形成。这种渗透液在与配套的无色显像剂接触时会发生化学反应，产生鲜艳的颜色，在紫外灯照射下发出明亮的荧光，从而形成清晰的缺陷显示。化学反应渗透液缺陷显示清晰，不污染操作者的衣服及皮肤，也不会污染零件和工作场地，冲洗出的废水也是无色的，避免了颜色污染。

c. 过滤性微粒渗透液。其是一种悬浮液，将粒度大于裂纹宽度的染料悬浮在溶剂中配制而成。当渗透液流进裂纹时，染料微粒不能流进裂纹，微粒就会聚集在开口的裂纹处，提供裂纹显示的信息。微粒可根据实际需要选择着色或荧光的。该种渗透液不需显像剂，染料微粒必须适当。

④ 渗透液的选择原则。

a. 灵敏度满足探伤要求；

b. 渗透液对被检工件无腐蚀；

c. 价格低，毒性小，易清洗；

d. 化学稳定性好，能长期使用；

e. 使用安全，不易着火。

（2）去除剂。

渗透检测中，用来去除零件表面多余渗透剂的溶剂叫去除剂。水洗型渗透剂，直接用水去除，水就是一种去除剂。溶剂去除型渗透剂采用有机溶剂去除，这种去除溶剂应与渗透剂有良好的互溶性，应不与荧光渗透剂起化学反应，不猝灭荧光。通常采用的有机去除溶剂有煤油、酒精、丙酮、三氯乙烯等。后乳化型渗透剂在乳化后用水去除，它的去除剂是乳化剂和水。表 3.1.1 列出了几种常用乳化剂的牌号和作用。

表 3.1.1　常用乳化剂

牌号	名称	作用
OP-10	聚氧乙烯醚烷基酚	亲水乳化剂洗净剂
TX-10	聚氧乙烯醚烷基酚	亲水乳化剂洗净剂
MOA-3	聚氧乙烯脂肪醇醚	亲油乳化剂
阿特拉斯 03300	三乙醇胺油酸皂	亲水乳化剂
乳白灵 A	聚氧乙烯脂肪醇醚	亲水乳化剂洗净剂

（3）显像剂。

显像剂是渗透检验中另一个关键性的材料。显像剂可放大缺陷显示，又可提供背景，因而可提高检验灵敏度。

① 显像剂的性能要求。

一种好的显像剂应具备如下的性能：

a. 吸湿能力强，吸湿速度快，容易被缺陷处的渗透剂所润湿。

b. 显像粉末颗粒细微，能将缺陷处微量的渗透剂扩展到尽量大的范围内，并能保持显示轮廓清晰。

c. 容易在零件表面上形成均匀的、薄的覆盖层，尽量多地遮住零件表面的光泽和颜色。

d. 在紫外线照射下不发荧光，也不减弱荧光渗透剂的亮度。

e. 着色显像剂要提供与缺陷显示相差足够大的底色，以保证最佳的对比度，并对着色染料无消色作用。

f. 对被检零件和存放容器不腐蚀。

g. 无不良气味、无毒、不损害操作人员的身体健康。

h. 检验完毕后，容易从零件表面上去除。

i. 价格便宜。

② 显像剂种类。

根据显像材料的配制方法，常将显像剂分为三类。

a. 干式显像剂。

干燥的白色微细无机粉末，如氧化镁、碳酸镁、氧化锌、氧化钛粉末等直接作为显像剂。

b. 快干式显像剂。

把白色微细粉末状的显像材料调匀在高挥发性的有机溶剂中作为显像剂。使用时将显像剂喷涂到试件上时，在试件表面快速地形成白色显像薄膜，由白色显像薄膜吸出缺陷中的渗透液而形成显示迹痕。因使用这种显像剂操作极为简单，所以在溶剂去除型荧光或着色渗透探伤法中用得较多。其使用同湿式显像剂相同，随着时间的推移，缺陷显示迹痕扩散，因此必须注意迹痕的大小和形状的变化。

c. 湿式显像剂。

把白色微细粉末状的显像材料调匀在水中作为显像剂。使用时把试件浸渍在显像剂中或者用喷雾器把显像剂喷在试件上，当显像剂干燥时，在试件表面就形成白色显像薄膜，由白色显像薄膜吸出缺陷中的渗透液而形成显示迹痕。这种方法适合于大批量试件的检测，其中水洗型荧光渗透检测法用得较多。但必须注意，缺陷显示迹痕是会扩散的，所以随着时间的推移，其大小和形状是会发生变化的。

（4）常用检测设备。

渗透检测常用的测量设备及器具有：黑光辐射强度计、白光照度计及荧光亮度计等。应用荧光渗透检测方法时，黑光辐射强度计和白光照度计是必须配备的检测辅助器具，荧光亮度计不是必备器具；应用着色渗透检测方法时，白光照度计是必须配备的检测辅助器具。

荧光检测用的黑光辐照度检测仪有两种形式：一种采用直接测量法，另一种采用间接测量法。黑光辐射强度计一般采用直接测量法，黑光照度计一般采用间接测量法。

① 黑光辐射强度计。

黑光辐射强度计主要用于校验黑光源性能和测定被检工件表面的黑光辐射强度。一般采用直接测量法。

直接测量法是黑光直接辐射到离黑光灯一定距离的光敏电池上，测得黑光辐射强度值，以 $\mu W/cm^2$ 表示。

黑光灯性能校验方法：将带有探测器的辐射强度计放置于距黑光灯正前面 400 mm 处，移动探测器，使其平面垂直于灯光束轴线，直至获得最大读数为止。然后，在黑光灯的校验单上，记录辐射强度计上的读数。

被检工件表面黑光辐射强度的测定方法也较为简单：将辐射强度计放置在工作表面，给以辐射使之曝光。

② 黑光照度计。

黑光照度计一般采用间接测量法。

间接测量法是黑光辐射到一块荧光板上（荧光板是无机荧光粉粘在一块薄板上，表面涂一层透明的聚酯薄膜），使其激发出黄绿色荧光，黄绿色荧光再照射到光电池上（光电池前装有黄绿色滤光片），使照度计指针偏转，指出照度值（以 lx 为刻度）。由于这种检测仪以照度刻度，故又称为黑光照度计。

黑光照度计还可用来比较荧光渗透剂的亮度。

③ 白光照度计。

白光照度计用于测定被检工件表面白光照度值。一般采用直接测量法。

被检工件表面的实际的白光照度，应使用白光照度计进行实地测定，以确定是否真正满足观察缺陷时所要求的白光照度。

着色渗透检测操作过程中和观察显示时，工件表面都需要有一定的可见光照度。荧光检测观察时，则需要控制可见光照度，以提高缺陷显示的可见度。

④ 荧光亮度计。

荧光亮度计是一种一定波长范围的可见光照度计。其主要用途是当比较两种荧光渗透检测材料性能时，做出较视觉更为准确一些的判定，而不是做荧光显示亮度的真实测定，不是得出真正的亮度值。在实际渗透检测条件下，通常不能用荧光亮度计来可靠地测定实际荧光显示的亮度，因为存在诸多的可变因素以及检测人员缺乏精确控制这些变化的能力，即使使用同样的渗透检测材料和程序，再次检测相同的不连续性时，测定渗透显示的亮度也会出现较大的差别。图 3.1.4 所示为照度计。

图 3.1.4　照度计

（5）试块。

试块是指带有人工缺陷或自然缺陷的试件。它是用于衡量渗透检测灵敏度的器材，也称灵敏度试块。

① 铝合金淬火试块（A 型试块）。

铝合金淬火试块又称 A 型试块，具体规格尺寸及形貌见图 3.1.5。

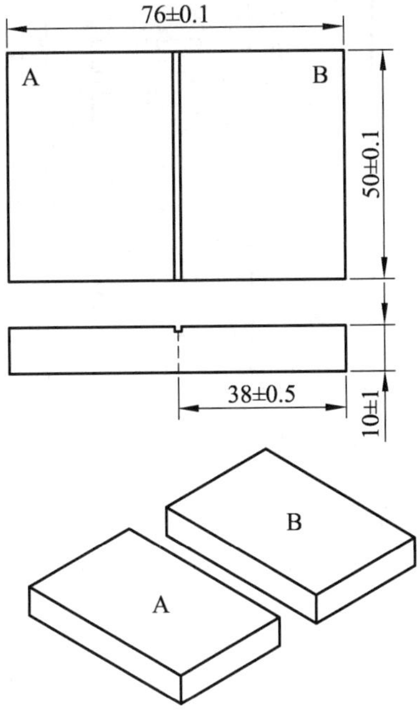

图 3.1.5　A 型试块

A 型试块上的裂纹其具体要求为：

a. 开口裂纹、呈不规则分布；

b. 裂纹宽度：≤3 μm、3 ~ 5 μm、>5 μm；

c. 每块试块上，≤3 μm 的裂纹，不得少于 2 条。在单个表面上的裂纹总数不应少于 4 条。试块的 A、B 两表面上的裂纹分布应大致相似。

② 不锈钢镀铬辐射状裂纹试块（B 型试块）。

B 型试块的材料应采用不锈钢板材，其化学成分应符合 GB/T 4237 的规定。

B 型试块有两种，分别为五点式和三点式。

a. 五点式试块。

五点式试块的一面分为两个区域。

在尺寸为 152 mm × 57 mm 的区域喷砂，使该区域的表面粗糙度 *Ra* 1.2 μm~2.5 μm。

在尺寸为 152 mm × 45 mm 的区域镀铬，镀铬层厚度不大于 150 μm，表面粗糙度 *Ra* 0.63 μm~1.25 μm：在此镀铬层背面的中心线上选相距 25 mm 的 5 个适当点位，用布氏硬度计施加不同负荷（依次从大至小），使镀铬层面上形成从大至小、肉眼不易见的五个辐射状裂纹区（表 3.1.2）。

表 3.1.2　五点式 B 型试块表面的裂纹区长径

裂纹区次序	1	2	3	4	5
裂纹区长径/mm	5.5~6.3	3.7~4.5	2.7~3.5	1.6~2.4	0.8~1.6

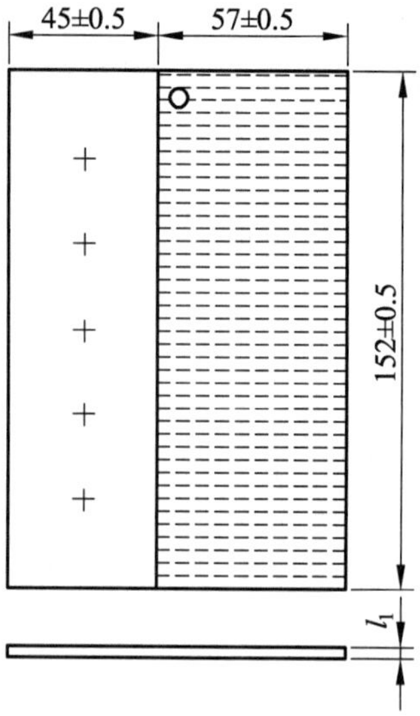

l_1—试块厚度，l_1=(2.5±0.5)mm。

图 3.1.6　五点式 B 型试块

b. 三点式 B 型试块。

将不锈钢板材加工成如图 3.1.7 所示的形状和尺寸。在试块的一面镀铬，镀铬层厚度不大于 150 μm。在镀铬层背面中央选相距约 25 mm 的 3 个点位（见图 3.1.7），以 12 mm 钢球用布氏硬度计依次施加 12 500 N、10 000 N 和 7 500 N 的负荷，使镀铬层面上形成从大至小、裂纹区长径差别明显、肉眼不易见的三个辐射状裂纹区。

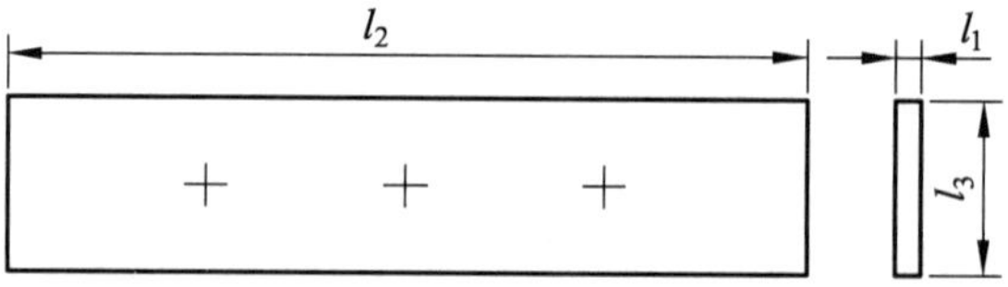

l_1—试块厚度，l_1=(3~4)mm；
l_2—试块长度，l_2=(100~130)mm；
l_3—试块宽度，l_3=(30~40)mm。

图 3.1.7　三点式 B 型试块

③ 黄铜板镀镍铬层裂纹试块（C 型试块）。

黄铜板镀镍铬层裂纹试块，又称 C 型试块，具体规格尺寸见图 3.1.8 与表 3.1.3。

C 型试块有三块，其形状和尺寸均相同。

C 型试块的材料应采用黄铜板材，也可采用不锈钢板材，其化学成分应符合 GB/T 5231 或 GB/T 4237 的规定。

将黄铜板材或不锈钢板材加工成如图 3.1.8 所示的形状和尺寸。分别在三块试块的一面镀镍，厚度分别为 10 μm~13 μm、20 μm~30 μm 和 40 μm~50 μm；然后再镀铬，厚度约为 1 μm。

将试块拉伸或弯曲（镀面向外），使镀层表面产生裂纹，经过弯曲的试块须整平。试块表面上的裂纹深度与镀层的厚度一致。

黄铜板镀镍铬层裂纹试块主要用于鉴别各类渗透检测剂性能和确定灵敏度等级。

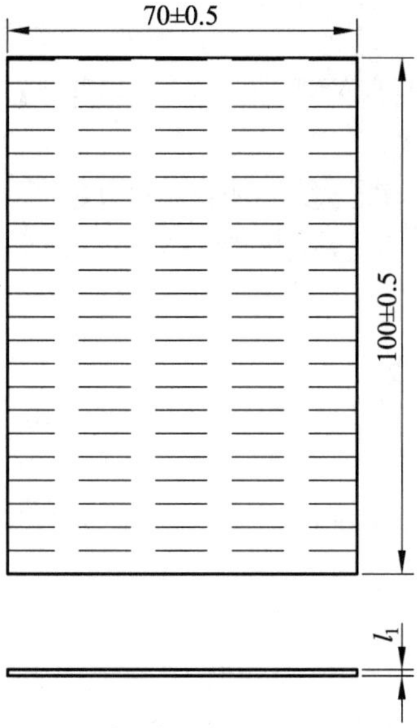

l_1—试块厚度，l_1=(1±0.2)mm。

图 3.1.8　C 型试块

表 3.1.3　C 型试块表面裂纹的尺寸

C 型试块编号	裂纹深度/μm	裂纹宽度/μm
1	40~50	4~5
2	20~30	2~3
3	10~13	1~1.3

④ 其他试块。

a. ISO 3452.3—1998《无损检测 渗透检测 第三部分：标准试块》。

ISO 3452.3—1998《无损检测 渗透检测 第三部分：标准试块》中 I 型试块，简要介绍如下：试块尺寸、形状及结构见图 3.1.9。尺寸：35 mm×100 mm×2 mm。

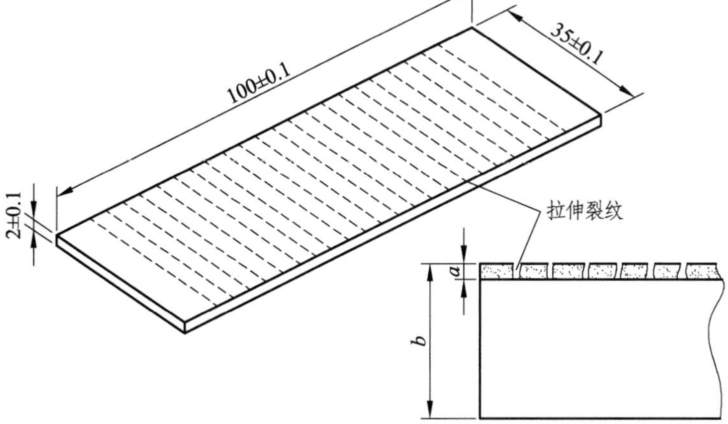

a—电镀层厚度；*b*—试块厚度。

图 3.1.9　ISO 3452—I 型试块

结构：四块（分别为 I、II、III、IV型），均为矩形；电镀层总厚度分别为 50 μm（I 型），30 μm（II型），20 μm（III型），10 μm（IV型）。

试块基材：均为黄铜板。

该试块的用途为：评定荧光和着色渗透剂系统的灵敏度等级。

ISO 3452.3—1998《无损检测 渗透检测 第三部分：标准试块》中II型试块，是一种改型的 B 型试块。

尺寸：155 mm × 50 mm × 2.5 mm。

结构：试块分隔为两个尺寸相等的部分（155 mm × 25 mm × 2.5 mm）；分别为可清洗度测试区和缺陷评定区。

试块的基材：不锈钢板，牌号为 00Cr17Nil3-Mo2N；硬度 HV20 = 150 ± 10 或相当。

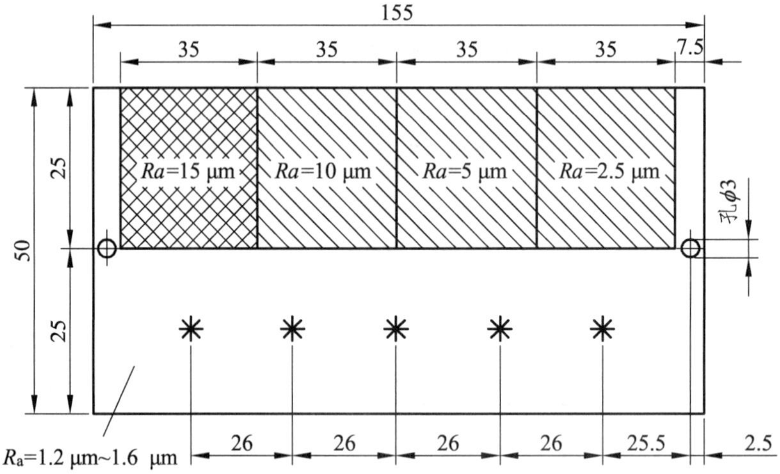

（a）可清洗度测试区（试块上半部） （b）缺陷评定区（试块下半部）

图 3.1.10 ISO 3452 — II 型对比试块

试块的用途：

a. 评定荧光和着色渗透检测的综合性能；

b. 评定某渗透检测剂系统和某渗透检测程序对于不同尺寸缺陷的分辨能力；

c. 评定某渗透检测剂系统和某渗透检测程序对某粗糙度表面的清洗能力。

二、实训部分

检测一 材料、器具检查及综合性能检测

1. 检测目的

“小卫士团队”接到一项任务：某单位新购进一批渗透探伤材料、器具，需要进行材料、器具检查及综合性能测试，并出具检测报告。

2. 检测设备及备品

清洗剂、渗透剂、显像剂、白光照度计、2 型试块或五点式 B 型试块、扁铲、钢丝刷等。

3. 检验方法及步骤

（1）材料、器具检查。

检查渗透检测材料的性能，检查各测量器具是否完好、齐全，并安全可靠。

（2）综合性能测试。

完成材料、器具综合性能测试。

（3）整理实训设备，完成检测报告。

材料、器具检查及综合性能检测报告

试件名称/编号		试件编号		评定结果
材　质		主要尺寸		
表面状态		检测程度/区域		
检测标准/规范		渗透检测材料系统		
验收标准/规范		质量等级/验收等级		
渗透剂		批次编号：		
清洗剂		批次编号		
显像剂		批次编号		
综合灵敏度测试		温度		
白光照度	lx	紫外辐照度	μW/cm²	

任务二　渗透检测作业

渗透检测工件任务单	
任务描述	“小卫士团队”接到一项任务，受某公司委托，需对一批焊补后的工件进行渗透探伤，并出具检测报告
任务知识点与技能点	知识点：渗透探伤的原理及检测材料、器具。 技能点：规范材料、器具检查；综合性能测试及出具报告
任务实施	1. 掌握探伤原理及方法； 2. 掌握探伤流程及技巧； 3. 在钢轨探伤基地，对工件进行检测，分组研讨，出具检测报告，由老师复核并签署意见
评分标准	1. 团队合作等职业素养 30 分； 2. 知识掌握情况 20 分； 3. 设备使用及伤损检测 40 分； 4. 检测报告 10 分
本任务职业素养要求	严谨细致（争做一名出色的渗透检测员）

一、理论部分

1. 渗透检测工艺

（1）渗透检测的时机选择。

① 机加工和热处理等操作，可能产生表面缺陷，渗透检测则应在这些工序后进行。对有延迟裂纹倾向的材料，至少应在焊后 24 h 进行焊接接头的渗透检测。

② 表面处理工艺（喷漆、镀层、阳极化、涂层、氧化、喷丸和研磨）的操作，渗透检测应在这些工序前进行，表面处理后需机加工的，对该加工部位再次进行渗透检测。

③ 工件要求腐蚀检测时，应在腐蚀工序后进行。

④ 在役工件的渗透检测应去除表面积炭和油漆层，但阳极化层可不去除。

（2）渗透检测工艺基本步骤。

① 表面准备和预清洗；

② 施加渗透剂；

③ 多余渗透剂的去除；

④ 干燥；

⑤ 施加显像剂；

⑥ 观察与评定；

⑦ 后清洗及复验。

（3）表面准备和预清洗。

渗透检测成功与否，取决于被检表面的状况（污染程度及粗糙度）。所有污染物都会阻碍渗透剂进入缺陷，清洗污染物过程中的残留物反过来也能同渗透剂反应，影响渗透检测的灵敏度。被检表面的粗糙度也会影响渗透检测效果。

① 污染物。

污染物包括固体污染物和液体污染物。

固体污染物：铁锈、氧化皮、腐蚀产物、焊接飞溅、焊渣、毛刺、油漆及涂层等。

液体污染物：防锈油、机油、润滑油及有机组分的其他液体，强酸、强碱及包括卤素在内的有化学活性的残留物。

② 基本要求。

a. 任何可影响渗透检测的污染物都必须清除干净，且不得损伤受检工件的工作功能。例如，不得用钢丝刷打磨铝、镁、钛等软合金，密封面不得进行酸蚀处理，等。

b. 表面准备和预清洗范围。检测部位四周 25 mm。通常情况下，焊缝、轧制件、铸件、锻件的表面状态，是可以满足渗透检验要求的。

如果焊缝、轧制件、铸件、锻件的表面出现不规则，影响渗透探伤效果，则应用打磨方法或机械加工方法进行表面处理。如果铁锈、型砂、积炭等物可能遮盖缺陷迹痕或对检验效果产生干扰，则应用打磨方法或机械加工方法进行表面处理。打磨方法或机械加工方法可能堵塞表面缺陷的开口，降低渗透检测效果。因此，打磨、机械加工后，应进行酸蚀处理。喷丸后，也应进行酸蚀处理。

注意事项：防止表面准备和清洗不当，造成缺陷的堵塞。在化学清洗或溶剂清洗时，不应浸、刷，杜绝压力水喷，否则易造成缺陷的浸润堵塞，其残留的液体都会阻碍渗透剂的渗入。

③ 清洗方法及选择。

渗透检测前，必须清除干净任何可能影响渗透检验的污物杂质，以保证渗透检测得以成功。实际上，需根据零件材料、表面状态和污染的种类选择一种或几种合适的去除方法。

a. 洗涤剂清洗。

洗涤剂清洗液是一种不易燃的水溶化合物，含有特别选择的表面活性剂，能够对各类液体污物（例如，油脂、油膜、切削加工润滑油等）起润湿、渗透、乳化及皂化作用。洗涤剂清洗液可分为碱性、中性和酸性，但对受检零件必须无腐蚀作用。采用洗涤剂清洗，可以很容易地将零件表面和缝隙内的污物清除干净。清洗时间一般应为 10~15 min。清洗温度一般可为 75~95 ℃。浓度应按照制造厂的推荐值（一般为 45~60 kg/m^3）。清洗时应适当搅动。

b. 碱清洗和蒸汽清洗。

碱清洗适用于去除油污、抛光剂、积炭等，多用于铝合金。碱清洗液：是一种不易燃的水溶化合物，含有经过特别选择的洗涤剂，该洗涤剂能够对各类液体污物起润湿、渗透、乳化及皂化作用。热的碱清洗液还可用来除锈和除垢，清除掩盖表面缺陷的氧化皮。碱清洗液必须按照制造厂的建议使用。

注意事项：

· 采用碱清洗工艺清洗后的工件，必须把清洗剂冲洗干净；

· 在渗透探伤前，将其整体加温干燥；

· 施加渗透液时，工件温度一般不得超过 50 ℃。

蒸汽清洗：是一种改进的热碱清洗方法，在容器内进行，适用于大型工件。其能够清除工件表面的无机污物和各种有机污物，但无法清除较深缺陷底部的污物。如需清除较深缺陷底部的污物，可采用溶剂浸泡法。

c. 酸蚀处理（酸洗）。

酸蚀处理有如下作用：

· 酸蚀处理可以清除工件表面的锈蚀。

· 酸蚀处理可以清除可能掩盖表面的缺陷，并且可能妨碍渗透液渗入表面开口缺陷的氧化皮。

· 工件打磨、机械加工后，进行酸蚀处理，可以清除封闭表面开口缺陷的金属毛刺。

· 喷丸后，进行酸蚀处理。可以清除由于喷丸形成的封闭表面开口缺陷的细微金属物。

酸洗处理时，一般应注意如下事项：

· 酸和铬酸盐将会影响荧光染料的发光作用。因此，酸蚀处理后的工件必须清洗干净，使工件表面呈中性；并且在施加渗透液前，充分干燥。

· 受检工件被酸蚀剂作用后，可能发生氢脆。因此，酸蚀处理后的工件应进行去氢处理（200 ℃，烘烤 3 h）；并且在施加渗透液前，将工件冷却至 50 ℃左右。

· 严格控制酸洗时间，防止被检面腐蚀。

· 酸洗后及时中和处理。

· 使用时，必须按照制造厂的推荐意见使用。

d. 溶剂清洗。

有许多溶剂清洗剂能有效溶解油脂、油膜、蜡、密封胶、油漆及普通有机污物等。溶剂应无残留物，尤其是在采用手动、液浸法时更应特别注意。溶剂清洗剂不能清洗锈蚀、氧化皮、焊瘤、飞溅物以及普通无机物。有些清洗溶剂是易燃物质，有些清洗溶剂可能还有毒，所以，应按照制造厂说明书和注意事项进行操作使用。溶剂液体清洗常用于大零件局部区域的清洗。

e. 蒸汽除油。

蒸汽除油是清除工件表面和开口缺陷处的油和油脂类污物的较好方法。蒸汽除油不能清除无机型污物（如夹渣、腐蚀、盐类等）及树脂类污物（如塑料、涂层、清漆、油漆等）。当与工件接触的时间较短，而无法将深缺陷中的油脂全部清除干净时，建议采用溶剂浸泡法。

特例：钛合金被检件易与氯元素作用产生应力腐蚀裂纹，使用三氯乙烯除油前必须进行消除应力处理。铝、镁合金被检工件在除油后，容易在空气中锈蚀，应尽快浸入渗透剂。

f. 超声清洗。

其是一种在溶剂和清洗剂中辅以超声波振动，以提高清洗效果和减少清洗时间的清洗方法。如果是清除无机污物，如清除锈蚀、夹渣、盐类、腐蚀物等，则应采用水和洗涤剂。如果是清除有机污物，例如油脂、油膜等，则应采用有机溶剂。

超声清洗后，施加渗透液前，应加热工件，去除溶剂、清洗剂；然后，将工件冷却至 50 ℃以下。

g. 去漆处理。

根据油漆的化学成分，有针对性地选择去漆剂，能够有效地去除工件表面的油漆膜层。一般情况下，油漆膜层必须完全除掉，直至露出金属表面。去漆后，应使工件表面充分干燥。

h. 陶瓷的空气焙烧。在清洁的氧化环境中加热陶瓷工件，是去除水分及清除微量有机污物的有效方法。加热的最高温度应不降低陶瓷的性能。关于如何选择预清洗方法，如下几点是必须考虑的：

· 必须了解污物杂质的类别，有针对性地选用合适的预清洗方法。因为，没有一种预清洗方法是万能的。

· 必须了解选用的预清洗方法对受检零件的影响。选用的预清洗方法，不得损伤受检零件的工作功能。

· 必须了解选用的预清洗方法的实用性。

（4）施加渗透剂。

渗透是以渗透剂覆盖零件。覆盖的方法可用喷涂、刷涂、浇涂、静电喷涂或浸涂等。应根据零件的大小、形状、数量和检验部位来选择合适的方法。一般地说，小零件多采用浸涂法；大零件采用喷涂法、流涂法；焊缝采用刷涂法；局部检验采用刷涂法或喷罐喷；全面检验采用浸、喷法。无论采用哪种方法，都要保证被检部位完全被渗透剂覆盖，并在整个渗透时间内保持湿润状态。由于渗透剂只要不干在零件表面上，就一直有渗透作用，因此，不论采用哪种方法都能达到渗透的目的。在实际应用中，总是希望尽量采用浸涂的方法，因浸涂能确保零件表面完全被渗透剂覆盖上。

有盲孔或内通道的零件，渗透前，孔洞口要用橡皮塞塞住或用胶纸粘住，防止渗透剂渗入而造成清洗困难。一般地，适宜温度的零件对渗透有利，但温度太高，渗透剂易干在零件上，给清洗带来困难。因此大部分规范规定渗透剂的使用温度控制在 15~40 ℃范围内。一般规定渗透时间为 10~20 min。

施加渗透剂的方法及适用范围：

a. 喷涂。静电、喷灌或低压循环泵喷涂。适用大工件局部或全部。

b. 刷涂。刷子、抹布刷涂。适用局部检查、焊缝检查。

c. 浇涂。渗透剂直接浇在工件表面上。适用大工件的局部检查。

d. 浸涂。工件全部浸在渗透剂中。适用小工件的表面检查。

渗透时间及温度：NB/T 47013—2015 规定 10~50 ℃时，施加渗透剂的渗透时间≥10 min。注意浸涂法中，为减少渗透剂损耗，应进行滴落，渗透时间还应包括滴落时间，滴落过程中渗透剂的挥发物质被挥发掉，使渗透剂染料的浓度相对提高，提高了渗透检测灵敏度。当温度不在标准温度范围内时，应使用 A 型试块做对比试验。

（5）去除多余的渗透剂。

要求从零件表面上去除掉所有的渗透剂，又不能将已渗入缺陷中的渗透剂清洗出来，从而保证在得到合格的背景前提下，取得最高的检验灵敏度。

水洗型渗透剂直接用水去除；后乳化型渗透剂在乳化后，再用水去除；溶剂去除型渗透剂用溶剂擦除。

① 水洗型渗透剂的去除。

工艺标准：NB/T 47013—2015 规定了水温、水压、角度及距离。

特点：水洗型渗透剂含有乳化剂，水洗时间长、水洗压力大、水洗温度高，便有可能把缺陷中的渗透剂清洗掉，产生过清洗。

原则：在得到合格背景前提下，水洗时间越短越好。荧光法在紫外灯下（着色法在白光下）边观察边清洗。

② 后乳化型渗透剂的去除。

a. 亲水型乳化剂。

操作程序：水预清洗、乳化、最终水洗。

施加方法：浸涂、浇涂或喷涂。不能刷涂，因刷涂不均匀。

b. 亲油型乳化剂。

操作程序：乳化、水洗。

施加方法：浸涂或浇涂。不能刷涂或喷涂，也不能在工件上搅动。

c. 乳化时间。

关键步骤：乳化时间的控制。应防止过乳化，在保证达到允许的着色或荧光背景下乳化时间尽量短。

影响因素：表面粗糙度、乳化剂浓度、乳化剂温度、乳化剂被污染的程度和后乳化型渗透剂的种类。

d. 质量控制。

· 在白光或黑光下进行，边清洗边观察。

· 过乳化必须重新进行渗透检测。

· 欠乳化时烘干工件重新进行渗透检测，对一般工件可再次进行补充乳化。

· 采用溶剂去除型渗透剂的去除。

e. 程序。

· 干净不脱毛的布依次擦洗以去除大部分多余渗透剂。

· 用蘸有清洗剂的干净不脱毛的布依次擦洗。

注意：不得往复擦洗，不得用清洗剂直接冲洗被检面。

（6）干燥。

干燥的目的是去除被检工件表面的水分，使得渗透剂回渗到显像剂上。

溶剂去除法不必进行专门的干燥处理。用水清洗的零件，采用干式显像或快干式显像时，零件在显像前必须进行干燥处理；若采用湿式显像，清洗后直接显像，然后再进行干燥处理。

可采用干净的布擦干、压缩空气吹干、热风吹干、热空气循环烘干装置烘干等方法进行干燥。其中以热空气循环烘干装置烘干的效果最好。实际应用中是将多种干燥方法结合起来进行。例如零件水洗后，先用干净的布擦去零件表面明显的水分或用经过过滤的清洁、干燥的压缩空气吹去零件表面的水分，尤其要吹去盲孔、凹槽、内腔部位及可能积聚水分部位的水，然后放进热空气循环干燥装置中干燥。这样做比零件水洗后直接烘干要快得多而且效果好。

干燥温度不能太高，否则会将缺陷中渗透剂烘干，使其不能在显像时被吸附到零件表面上来。允许的最高干燥温度还与所用渗透剂的种类、零件的材料有关。正确的干燥温度需通过试验确定。一般规定不超过 80 ℃。塑料零件通常用 40 ℃以下的温风吹干。

干燥时间越短越好。干燥时间与零件材料、尺寸、表面粗糙度，零件上水分的多少，零件初始温度和烘干装置的温度等因素有关。还与每批干燥零件的数量有关。为控制最短的干燥时间，需注意控制每批放进烘干装置中的零件数量。

（7）显像。

显像的过程是从缺陷中吸出渗透剂的过程。显像方法有干式显像、溶剂悬浮显像、湿式显像、自显像。

干式显像法大量应用于荧光渗透检测。零件干燥后，立即进行显像，热的零件能得到更好的显像效果。干式显像可将零件埋入显像粉中进行，也可用喷枪或静电喷粉显像，但最好采用喷粉柜进行喷粉显像。喷粉显像是将零件放入粉末柜中，用经过过滤的、干净干燥的压缩空气或风扇，将显像粉吹扬起来，使呈粉雾状，将零件包围住，在零件上均匀地覆盖一薄层显像粉。这种方法能使形状复杂的零件一次完全覆盖上显像粉，一次喷粉可显像一批零件。经干粉显像的零件，检验后显像粉的去除很容易。显像时间要足够，但又不能太长，否则缺陷显示会变模糊。一般规定显像时间为 10~15 min。

湿式显像可采用浸涂、流涂或喷涂，多数采用浸涂。涂覆后，要进行滴落，然后再在热空气循环烘干装置中烘干。干燥的过程，实际上也是显像的过程。为防止显像粉末的沉淀，显像时要不定时地进行搅拌。

对一些灵敏度要求不高的检测，如铝、镁合金砂型铸件，常可采用自显像法的检验工艺，即在干燥后不显像停留 10~15 min，等缺陷中的渗透剂重新蔓延到零件表面上后再进行检验。为保证足够灵敏度，通常可采用较高一等级的渗透剂进行渗透和在更强的黑光灯下进行检验。自显像法省掉了显像操作，简化了工艺，节约了检验费用。

控制显像时间的原则：

a. 必须有足够的时间使得缺陷中的渗透剂充分回渗到工件表面。

b. 防止缺陷的显示由于时间的延长而扩散，导致分辨力的下降。

NB/T 47013—2015 规定：自显像停留时间 10~120 min，其他显像方法的显像时间一般不少于 7 min。

（8）观察和评定。

着色检验观察在白光下进行，白光强度要足够；荧光检验观察在暗室里进行，要求暗室要足够的暗。检验员进入暗室检验零件前，应至少等 3 min，以使眼睛适应暗室条件。检验员在黑光灯下发现显示后，需判别显示的真伪。方法是：用干净的布或棉球蘸一点酒精擦拭显示部位，如果被擦去是真实缺陷显示，擦拭后显示能再现。如果被擦去的显示不再重现，一般都是虚假显示。

在暗室里检验，检验者很容易疲劳，这就要求检验员在暗室里连续检验的时间不能太长，否则会影响检验灵敏度。检验时，黑光不能直射或反射到检验者的眼睛，因为尽管黑光对人的细胞组织和眼睛没有永久性的损伤，但黑光可使人的眼球发荧光，人眼直照射后，会出现视线模糊的感觉，加速检验者的眼疲劳，影响检验质量。

（9）后清洗。

渗透检测完毕后，如果在工件表面上仍然残留显像剂涂层、渗透液或其他污物，则可能产生如下危害：

a. 残余渗透液或显像剂有可能影响后面工序的加工。例如，对于要求返修的焊缝，则渗透检测剂的残留物，会对返修焊接区造成危害。

b. 残余渗透液或显像剂有可能影响工件的使用性能。例如，如果受检工件用于液氧（LOX）设备中，则渗透检测剂中碳氢化合物的残留物，可能导致猛烈爆炸。

c. 残余渗透液或显像剂有可能与使用中的其他因素结合产生腐蚀等。例如，显像剂涂层会吸收或容纳促进腐蚀的潮气，对受检工件造成腐蚀。如果受检工件用于原子核设施中，高度清洁特别重要。

显像剂的清除方法：

a. 干式显像剂，可能粘在湿渗透液或其他液体物质的地方，也可能滞留在缝隙中，可使用无油吹风器吹除或水冲洗。

b. 水基湿式显像剂的去除比较困难。因为该类显像剂经过 80 ℃左右干燥后会黏附在受检工件表面上，故去除的较好方法是用含有洗涤剂的热水喷洗，喷洗有一定压力则效果更好；然后采用手工擦洗或机械（擦刷机、洗涤机）冲洗。

c. 可溶显像剂用自来水冲洗即可，因为该类显像剂可溶于水中。

d. 溶剂悬浮湿式显像剂的去除，可先用湿毛巾擦，然后用干布擦；也可直接用清洁干布擦或毛刷刷；对于螺纹、裂缝或表面凹陷，可用加有洗涤剂的热水喷洗，超声清洗效果更好。清除显像剂的时机：检查后，工件上显像剂还未干燥时，可采用水洗法尽快进行。

（10）关于渗透检测实际操作。

a. 渗透检测实际操作过程中，渗透检测剂材料及受检压力容器都应处于 10~40 ℃。如果在实际操作过程中，不能满足这些温度极限，则应在准备采用的温度条件下，通过试验进行鉴定，以确定可否在准备采用的温度条件下进行渗透检测实际操作。

b. 任何渗透检测工艺可否得到成功，在很大程度上取决于受检焊接接头表面及缺陷表面不应有干扰渗透检测的固体或液体污染物。所有需要渗透检测的受检焊接接头或有关部位，都必须在施加渗透液前进行清洗和干燥。清洗处理的残留物，会妨碍渗透液对缺陷的渗入；如果是强碱、强酸和铬酸等，则可能与渗透液发生有害的反应，并降低渗透液的灵敏度及性能。

c. 所有需要渗透检测的表面，如果经过喷砂、喷丸或磨削加工，就有可能封闭缺陷的开口，或有可能掩盖缺陷的显示迹痕，或有可能干扰检验的有效性。为此，应考虑采用浸蚀方法处理上述表面。

d. 采用静电喷涂方法施加渗透液，可以避免过量的渗透液堆积在受检零件上；可以防止渗透液进入空心孔通道，并避免空心孔通道成为渗透液储存处而在检验时引起严重的渗出问题。

e. 受检表面的多余渗透液的去除特别关键，不允许出现去除过度现象。对于可水洗性渗透检测法而言，必须防止过度清洗。对于后乳化渗透检测法而言，必须防止过度乳化，截留在缺陷中的渗透液一般不受过度清洗的影响。亲油性乳化剂只能用浸涂法或浇涂法施加，不能用刷涂法或喷涂法施加。亲水性乳化剂只能用浸涂法、浇涂法或喷涂法施加，不能用刷涂法施加。对于溶剂性去除型渗透检测法而言，必须避免使用过量的溶剂，更不允许使用溶剂冲洗受检表面。为避免出现去除过度现象，对于荧光渗透检测法而言，应在黑光灯监视下进行去除操作；对于着色渗透检测法而言，应在白光灯监视下进行去除操作。

f. 最好使用恒温控制的热风循环式干燥箱进行干燥处理。干燥温度不应超过 70 ℃，干燥时间不应超过 30 min。否则，检验灵敏度将受到损伤。

g. 渗透检测，常使用喷涂法施加溶剂悬浮湿式显像剂。注意：不应使用浸涂法或浇涂法施加溶剂悬浮湿式显像剂，否则，会通过显像剂中的溶剂作用，而使缺陷中的渗透液冲洗（溶解）掉，产生漏检的严重后果。

2. 渗透检测方法及其选用

如前所述，渗透检测方法根据渗透剂特性可分为 6 种，分别为：

① 水洗型荧光渗透检测法；

② 后乳化型荧光渗透检测法；

③ 溶剂去除型荧光渗透检测法；

④ 水洗型着色渗透检测法；

⑤ 后乳化型着色渗透检测法；

⑥ 溶剂去除型着色渗透检测法。

根据显像方法可分为 4 种，分别为：

① 干式显像；

② 快干式显像；

③ 湿式显像；

④ 自显像。

各种渗透检验方法都有自己的优缺点。实际选用时，应根据零件的大小、形状、数量、质量，零件表面粗糙度，需要检验的缺陷类型，要求检验的灵敏度，水、电、气的供应情况，检验场地的大小及检验费用等因素来综合考虑。以上因素中以灵敏度和检验费用的考虑最为重要，足够的灵敏度才能确保产品的检验质量，但这并不意味着任何情况下都要选择最高灵敏度的检验方法。粗糙的表面若采用高灵敏度的渗透剂，会使清洗困难，荧光背景过深，虚假显示多，甚至达不到检验的目的。灵敏度高的检验方法费用也较高，因此，灵敏度和检验费用要综合考虑。

在进行某一种渗透检验时，所用的一系列材料（渗透剂、去除剂、显像剂）应运用同一个制造厂家生产的产品。这一系列渗透检验材料称为一个族组，只有在同一族组中材料配合使用下才能达到满意的检验效果。特别注意不要将不同族组的同类材料混合在一起使用。因为虽然是同种作用的材料（例如渗透剂），由于其组成不同，混合使用时，会出现化学反应或灵敏度下降的现象。经过着色检验过的零件，需进行彻底清洗，才能进行荧光检验，因为缺陷中残存的着色染料会减小或猝灭荧光染料的发光亮度。对于给定的零件，采用合适的显像方法，对保证检验灵敏度十分重要。非常光滑的表面，干式显像剂不能有效地吸附在上面，撒上的粉末很容易从表面滑下来。因此，对于表面光滑的零件采用湿式显像效果很好。相反，粗糙的表面采用干式粉显像效果比湿式显像好，而采用湿式显像时显像剂可能集聚在拐角、孔洞、空腔、螺纹根部等部位而掩盖缺陷显示。

渗透检验方法的优先选择指南参见表 3.2.1，具体选择时，需根据被检对象的特点，进行综合考虑。

表 3.2.1　渗透检验方法的优先选择指南

对象或条件		渗透剂	显像剂
要检验的缺陷	浅而宽的缺陷，细微缺陷；	FB	S
	深度 30 μm 及 30 μm 以上的缺陷；	FA（VA），FC（VC）	W，S，D
	靠近或聚集的缺陷以及观察缺陷表面形状时	FA，FB	D
被检零件	小零件批量连续检验	FA，FB	W，D
	少量零件不定期检验及大零件局部检验	FC，VC	S
零件表面粗糙程度	表面粗糙的锻、铸件	FA，VA	D，W，N
	中等粗糙的精铸件	FA，FB	D
	车加工表面	FA（VA），FB，VC	S，D，W
	磨加工表面	FB，VC	S
零件表面粗糙程度	螺纹和键槽等拐角处	FA，VA	D
	焊缝及其他缓缓起伏的凹凸面	FA，VA，FC，VC	D，S
设备条件	有场地、水、电、气、暗室	FA，FB	D，W
	无水、电，在现场检验	VC	S
其他	要求重复检验（最多重复 5~6 次）	VC，FB	S，D
	泄漏检验	FA，FB	N，D，S

注：FA—水洗型荧光渗透剂；FB—后乳化型荧光渗透剂；FC—溶剂去除型荧光渗透剂；
VA—水洗型着色渗透剂；VC—溶剂去除型着色渗透剂；D—干式显像剂；W—湿式显像剂；
S—快干式显像剂；N—自显像。

3. 缺陷显示及裂纹检出能力

（1）缺陷显示。

缺陷容积越大，它容纳的渗透液就越多，留在缺陷中可供回渗的渗透液就越多，缺陷显示就越明显。显像剂显示的缺陷图像比缺陷的实际尺寸要大。

缺陷的长度是缺陷显示的主要尺寸，它能提供一个可供肉眼观察的实测尺寸。

（2）裂纹检出能力。

裂纹检出能力是相对于背景及外部光等条件，裂纹缺陷内的渗透液能形成可用肉眼直接观察裂纹缺陷显示的能力。渗透液中染料种类及浓度将影响裂纹检出能力。渗透液被化学药品污染，荧光液长时间受紫外光照射，着色液长时间受日光照射等，将降低裂纹检出能力。先浸后滴落的施加渗透液的方法，可使渗透液中的大量挥发性成分挥发掉，而留下更多黏度较大的组分，染料的浓度相对于原渗透液中的浓度更高，可提高裂纹检出能力。

（3）常见缺陷的现象特征。

常见的缺陷有：缩裂、热裂、冷裂、锻造裂纹、焊接裂纹、热影响区裂纹、弧坑裂纹、磨削裂纹、火裂纹、应力腐蚀裂纹、冷隔、折叠、分层、气孔、夹渣、氧化夹渣、疏松等。

（4）缺陷显像的判别。

①真实缺陷的显示。

零件表面的真实缺陷大致可分为四类。

a. 连续线状缺陷：包括裂纹、冷隔、铸造折叠等缺陷。

b. 断续线状缺陷：零件进行表面加工时，线性缺陷可能被部分堵住而显示为断续的线状。

c. 圆形显像：通常为铸件表面的气孔、针孔、铁豆或疏松等缺陷。

d. 小点状显像：针孔、显微疏松等缺陷。

② 虚假的显像。

在零件的表面由于渗透及污染和清洗不干净而产生的显像成为虚假显像。虚假显像从显像特征分析中很容易被识别：用蘸有酒精的棉球擦拭，虚假的显像容易被擦掉，且不再重新显像。

二、实训部分

检测一　渗透检测作业

1. 检测目的

“小卫士团队”接到一项任务，A 单位怀疑一批加工焊接件表面存在伤损，需要进行渗透探伤，并出具检测报告。

2. 检测设备及备品

清洗剂、渗透剂、显像剂、白光照度计、2 型试块或五点式 B 型试块、扁铲、钢丝刷、被检工件等。

3. 检验方法及步骤

（1）表面准备和预清洗；

（2）施加渗透剂；

（3）多余渗透剂的去除；

（4）干燥；

（5）施加显像剂；

（6）观察与评定；

（7）后清洗及复验；

（8）整理实训设备，完成检测报告。

渗透探伤检测工件报告

<table>
<tr><td colspan="2">试件名称/编号</td><td colspan="2"></td><td colspan="2">试件编号</td><td colspan="2"></td></tr>
<tr><td colspan="2">材　质</td><td colspan="2"></td><td colspan="2">主要尺寸</td><td colspan="2"></td></tr>
<tr><td colspan="2">表面状态</td><td colspan="2"></td><td colspan="2">检测程度/区域</td><td colspan="2"></td></tr>
<tr><td colspan="2">检测标准/规范</td><td colspan="2"></td><td colspan="2">渗透检测材料系统</td><td colspan="2"></td></tr>
<tr><td colspan="2">验收标准/规范</td><td colspan="2"></td><td colspan="2">质量等级/验收等级</td><td colspan="2"></td></tr>
<tr><td colspan="2">渗透剂</td><td colspan="2"></td><td colspan="2">批次编号</td><td colspan="2"></td></tr>
<tr><td colspan="2">清洗剂</td><td colspan="2"></td><td colspan="2">批次编号</td><td colspan="2"></td></tr>
<tr><td colspan="2">显像剂</td><td colspan="2"></td><td colspan="2">批次编号</td><td colspan="2"></td></tr>
<tr><td colspan="2">综合灵敏度测试</td><td colspan="2"></td><td colspan="2">温度</td><td colspan="2"></td></tr>
<tr><td colspan="2">白光照度</td><td colspan="2">lx</td><td colspan="2">紫外辐照度</td><td colspan="2">μW/cm²</td></tr>
<tr><td>预清洗</td><td></td><td>渗透时间</td><td></td><td>中间清洗</td><td></td><td>显像时间</td><td></td></tr>
<tr><td>干　燥</td><td></td><td>渗透剂施加</td><td></td><td>干燥</td><td></td><td>显像剂施加</td><td></td></tr>
</table>

<table>
<tr><td rowspan="2">序号</td><td rowspan="2">显示类型</td><td colspan="2">坐标/mm</td><td rowspan="2">尺寸/mm</td></tr>
<tr><td>X</td><td>Y</td></tr>
<tr><td></td><td></td><td></td><td></td><td></td></tr>
<tr><td></td><td></td><td></td><td></td><td></td></tr>
<tr><td></td><td></td><td></td><td></td><td></td></tr>
<tr><td colspan="5">探伤部位、缺陷编号、缺陷位置示意图</td></tr>
<tr><td colspan="5"></td></tr>
</table>

检验地点		检验日期		检验人员签章	

项目四　涡流检测

一、项目描述

本项目主要介绍涡流探伤基本原理、涡流检测设备的使用方法，通过对本项目的学习，学生应掌握涡流技术的相关知识，使理论和实践结合在一起，有利于后期知识的学习。

二、教学目标

1. 知识目标

（1）掌握涡流检测的基础知识。
（2）掌握涡流检测的物理知识。
（3）掌握涡流监测的基本原理。
（4）掌握涡流检测的特点及应用。

2. 能力目标

（1）能正确组装、拆分涡流检测设备。
（2）能正确操作使用涡流检测设备。
（3）能正确调试涡流检测设备。
（4）能正确使用涡流检测设备进行作业。

3. 素质目标

（1）具有吃苦耐劳的精神。
（2）具备团队协作的精神。
（3）具备求真、求是的职业精神。
（4）具备节能环保的意识。

任务一　涡流检测设备认识及整备

涡流检测设备认识及整备任务单	
任务描述	某超声检测公司最近在推广一种新设备——涡流检测设备，你作为一名无损检测员，要求尽快掌握涡流探伤技术的应用及使用，并完成实训报告
任务知识点与技能点	知识点：掌握涡流检测技术的特点。 技能点：理解涡流检测设备的使用
任务实施	1. 正确识别设备参数，区分这种设备和其他探伤仪器的不同，参与讨论并完成实训报告
评分标准	1. 团队合作等职业素养 30 分； 2. 涡流探伤技术的原理掌握情况 20 分； 3. 涡流探伤原理的理解 30 分； 4. 讨论情况及实训报告 20 分
本任务职业素养要求	1. 团结协作精神； 2. 新技术和新设备的钻研精神； 3. 专注于技术、技能的工匠精神

一、理论部分

涡流检测是常规无损检测技术之一，是以电磁感应原理为基础，依据材料电磁性能变化来对材料及构件实施缺陷探测和性能测试的电磁检测方法，其基本原理是以电磁学的理论为基础的。

1. 涡流检测基础知识

（1）电磁学的发展。

电磁学建立和发展的历史过程大致如下：从远古到 18 世纪中、晚期是电磁现象的早期研究阶段。在这一时期，以对电磁现象的观察、实验及定性研究为主。从 18 世纪晚期到 19 世纪上半叶，人类开始了对电、磁现象的定量研究，发现了电磁感应现象并对其开始进行深入研究。这一阶段的研究开始揭示了电现象和磁现象的本质联系，并逐步建立起电磁学理论体系，使电磁学理论日趋完善。19 世纪下半叶，麦克斯韦（J. C. Maxwell）在原有电磁学理论的基础上提出了电磁场的概念，并建立了电磁场理论的完整体系。至此，电磁学继牛顿力学之后，经过人类几个世纪的工作，终于在 20 世纪前叶发展成为经典物理学的重要组成部分。大约公元前 6 世纪，古希腊的“七贤”之一，米利都的泰勒斯（Thales）记录了磁石吸铁和摩擦后的琥珀吸引轻小物体的现象。但古希腊人对电磁现象的认识仅限于磁石吸铁和摩擦生电，还不知道磁铁的极性和可以存在于电荷之间或磁极之间的排斥现象。中国古代对磁的认识可以追溯到冶铁业创建之初。《管子·地数》是最早记载磁石的文献，其中写道“上有慈石者，下有铜金”。“铜金”指的是一种铁矿或与铁矿共生的矿物，利用“慈石”（磁铁）可以找到它的位置。而《吕氏春秋》则对磁石的吸铁性作了明确的记载，即“慈石召铁，或引之也”（见《春秋纪·精通》）。到了公元 1200 年，古书中已有使用指南针的记载。中国古代对电的认识最早记录是东汉王充对于摩擦起电现象的记载和解释。他说：“顿牟掇芥，磁石引针……他类肖似，不能掇取者，何也？”（见《论衡·乱龙》）。西晋时期，《博物志》则记载了摩擦起电的现象。

对电现象和磁现象的系统研究直到 17 世纪才开始。1600 年，英国医生吉尔伯特（William Gilbert）发表了《论磁、磁体和地球作为一个巨大的磁体》（简称《磁石论》）（DeMagnete, Magneticisque Corporibus, et de Magno magnete Tellure）。总结了前人对磁的研究，记载了大量实验，周密地讨论了地磁的性质，使磁学开始从经验转变为科学。

在 18 世纪期间，没有一个物理学分支能像电学一样如此成功地得到发展。其中，斯蒂芬·格雷（S. Gray）发现了电传导性的区别取决于构成物体的物质，例如，金属丝能导电但蚕丝不能导电，并证明了人体是导体。杜费（Du Fay）的实验则作出了出乎预料的结论：所有的物体都可以带电。并且他发现有两种电，分别称为玻璃电和松香电。1660 年，盖里克(Otto Von Guericke）发明了摩擦起电机。到 1747 年前后，美洲的富兰克林（Benjamin Franklin）与他的研究团体把他们的全部时间致力于电的实验。他们首先假定：电火是一种普通元素，在所有的物体中存在。如果一个物体得到了比它正常的分量更多的电，就被称为带“阳电”；如果一个物体带少于它正常分量的电，就被指定为带“阴电”。两个带有不同性质电荷的带电体，相互接触后可以呈现中性。根据这种相消性和数学上的正、负数的概念，他把“阳电”称为正电，把“阴电”称为负电，并进一步从电荷的相消性，推出如下结论：①正电和负电在本质上不应有什么差别；②摩擦起电过程中，总是形成等量的异种电荷；③摩擦起电过程中，一方失去的电荷与另一方得到的电荷在数量上相等。于是，他总结出一个普遍的原理：电荷既不能创生也不能消灭，只不过是从某一个带电体转移到另外一个带电体；在电荷转移过程中，电荷的总量是不变的。这是电荷守恒定律的最原始的表述方式。由于富兰克林的贡献，电学的研究从单纯的现象观察进入到精密的定量描述，使人们开始有可能用数学方法来表示和研究电现象。因此后人把富兰克林称为电学理论的奠基人。1754 年，康顿（John Canton）用电流体假说解释了静电感应现象。至此，静电学三条基本原理（静电力基本特性、电荷守恒和静电感应原理）都已经建立，人们对电的认识已有了初步完整的成果。

然而，建立电学的定量规律的功劳应归于库仑（Couomh）。18 世纪中叶，力学中引力理论的发展（即万有引力定律的确立），为静电学和静磁学提供了理论武器。这一阶段德国柏林科学院院士爱皮努斯（F. U. T. Aepinus）等人用类比法进行了引力和电力（或力）相似性的推测，对发现库仑定律起到了借鉴作用。通过对毛发和金属丝的扭转弹性的研究，库仑不仅于 1777 年发明了扭转天平及扭秤，并精确地做了大量实验，证明了牛顿的反平方定律在电（及磁）的吸引和排斥中也适用，并且这种作用跟电量的乘积成正比。1785 年，库仑发表了第一篇有关电荷作用力的论文，报道他对电力随距离变化的研究，公布了通过扭秤实验得到的库仑定律，使电学和磁学进入了定量研究的阶段。

18 世纪末，电学从静电领域发展到电流领域。1780 年，伽伐尼（Aloisio Galvani）发现动物可以带电。而伏打（Alessandro Volta）比他更深刻地探究了这个问题，并在多年实验的基础上，于 1800 年描述了伏打电堆，把它称为“人造发电器”。伏打电堆的发明，提供了产生恒定电流的电源，使人们有可能研究电流的规律和电流的各种效应，从此电学进入了一个飞速发展的时期—

一研究电流和电磁效应（电磁学）的新时期。电磁学起源于1819年著名的电生磁的“奥斯特实验”。当年，奥斯特（Hans Christian Oersted）在哥本哈根大学的一次讲演结束后，用已经做了其他实验的强伽伐尼电池“试做了一次导线和磁针平行放置的试验”。这时，他十分震惊地发现：磁针发生了大的振动（几乎是和磁子午线成直角），并且当掉转电流的方向时，磁针就偏向相反的方向。奥斯特的发现突破了电学与磁学彼此隔绝的情况，开辟了电学研究史上的新篇章。此后，电磁学的发展势如破竹。十九世纪二三十年代成了电磁学大发展的时期。

首先是法国科学家安培（Andre-Marie Ampere），他在得知奥斯特的发现之后，受“磁化力的作用在和导线成直角的平面上”这一事实的启发，把导线拧成螺旋形，以便强化对放在它内部的磁针的作用，进而提出了右手定则。安培还发现了一个电流对另一个电流的作用：相同方向的平行电流彼此相吸；相反方向的平行电流彼此相斥。他不仅提出了关于电流使磁体偏斜的方向法则——安培法则，还提出了电动力理论和分子电流假说，认为磁在本质上是由于电流的作用，并于1823年发表论文，给出了关于这个新现象的数学理论。应该说，在电磁学规律的定量表述方面，安培作出了特殊贡献，他在一系列试验和理论研究的基础上得到的普遍的电动力公式，为电动力学奠定了基础。1821年毕奥（J. B. Biot）和萨伐尔（Felix Savart）通过磁针周期振荡的方法发现了毕奥-萨伐尔定律。1826年，欧姆（George Simon Ohm）先后发表了两篇论文，报道了他的实验结果，从理论上推出了类似现在的欧姆定律等。

值得一提的是，19世纪电磁领域中最伟大的实验家法拉第（Michael Faraday）。受奥斯特实验的启示，早在1824年，他就认为磁体也应当对电流有反作用。经过近十年的潜心研究终于在1831年8月的一次实验中，法拉第发现了磁生电的现象和感应电流，证明电流是可以被磁激起的。法拉第对电磁学的贡献不仅是发现了电磁感应，他还在大量实验的基础上构想出描绘电磁作用的“力线”图像，创建了力线思想和场的概念，为麦克斯韦电磁场理论奠定了基础。

法拉第发现电磁感应现象后不久，又有两项有关电磁感应的重大发现问世。一是亨利（J. Henry）发现了自感现象。二是1833年，楞茨（H. F. E. Lenz）发现了楞茨定则；1834年，由楞茨定义了电动势，指出电磁场会产生作用力来阻止任何试图改变其强度和构造的作用力。电流磁效应的发现使电流的测量成为可能。

这一期间还有一位物理学家的工作值得一提，他就是欧姆。德国人欧姆（1789—1854年）是一个天才的研究者，30岁时当了科隆大学预科的数学和物理学教师的他做了一个关于金属的相对传导率的试验。他发现同样粗细、不同材料的导线（铜、金、锌、黄铜、铁铂、锡、铅等）在不同的长度下具有相同的传导率。此后，经过各种有关电传导率和电流测量的进一步试验，并进行科学归纳和理论分析，欧姆在1826年发表了两篇论文后，于次年出版《用数学推导的伽伐尼电路》一书，严格推导了关于电压、电流与电阻之间关系的欧姆定律。欧姆定律的建立在电学发展史上有重要意义。但是，当时欧姆的研究成果并没有得到德国科学界的重视。直到1841年，英国皇家学会才肯定欧姆的功绩，为他颁发了英国皇家学会的科普利奖。

之后，在法拉第力线思想的激励下，汤姆生（Joseph John Thomson）对电磁作用的规律进行过有益的尝试。他深感有必要把法拉第的力线思想转化成数学公式，定量地作出表述。于是他利用类比方法，从弹性理论和热传导理论得到借鉴，利用傅里叶的热分析方法，把法拉第的力线思想与拉普拉斯、泊松等人已经建立的完整的静电理论结合在一起，初步形成了电磁作用的统一理论。1847年，汤姆生在题为《论电力、磁力和伽伐尼力的力学表征》一文中，以不可压缩流体的流线连续性为基础，论述了电磁现象和流体力学现象的共性。英国人麦克斯韦（James Clerk Maxwell）及时地总结了前人已有的成就。他受到法拉第力线思想的鼓舞，又得到汤姆生类比研究的启发，感到有必要对力线的分布及应力性质给予机理性的说明，乃转而运用模型理论。在这个过程中，他发现电磁现象与流体力学现象有很大差别，电现象与磁现象也不尽相同，靠几何上的类比无法洞察事物的本质。于是他转向运用模型来建立假说，敏锐地抓住了位移电流和电磁波这两个关键概念，提出了“涡旋电场”和“位移电流”的假设，很好地解释了电磁感应。最后，他终于甩掉一切机械论点，径直把电磁场作为客体摆在电磁理论的核心地位，开创了物理学的又一个新的起点。

麦克斯韦提出的“位移电流”假设在电磁场理论中具有非常重要的地位。这是一个重大的突破，不仅需要决断，而且要有足够的胆略，因为在这以前，甚至到麦克斯韦去世时（1879 年）都还没有人做出过可靠的实验证明位移电流的存在。

在提出“涡旋电场”和“位移电流”的基础上，1865 年，麦克斯韦发表了关于电磁场理论的论文：《电磁场的动力学理论》（A dynamical theory of the electromagnetic field），全面地论述了电磁场理论。他指出：“电磁场是包含和围绕着处于电或磁状态的物体的那部分空间，它可能充入任何一种物质”，“介质可以接收和储存两类能量，即由于各部分运动的‘实际能’（即动能）和介质因弹性从位移恢复时要做功的‘位能’”。然后，麦克斯韦讨论了电磁感应，再次运用类比方法来说明电流的电磁动量（electromagnetic momentum），并提出了电磁场的普遍方程组。

对麦克斯韦的功绩，爱因斯坦（Albent Einstein）作了很高的评价，他在纪念麦克斯韦 100 周年的文集中写道：“自从牛顿奠定理论物理学的基础以来，物理学公理基础的最伟大的变革，是由法拉第和麦克斯韦在电磁现象方面的工作所引起的”，“这样一次伟大的变革是同法拉第、麦克斯韦和赫兹的名字永远连在一起的。这次革命的最大部分出自麦克斯韦”。在麦克斯韦以后的一百多年的时间里，电学和磁学方面的物理学家及研究者们一直从事着麦克斯韦理论的应用研究。然而，尚未有人能在麦克斯韦的原理中增加任何有意义的新定律。麦克斯韦方程组归纳了有关电磁回路和场的所有知识，可以用来解释所有的宏观电磁现象；同样，也为分析所有的电磁检测，包括涡流检测问题奠定了电磁理论基础。

（2）涡流检测的发展。

1831 年，法拉第发现了电磁感应现象，并在实验的基础上提出了电磁感应定律。在这以后的一百多年里，电磁学的理论及实验不断完善与发展，为电磁检测的创立奠定了坚实基础。

早在 19 世纪末期，人们就发现电磁方法可以用来进行金属材料的分选。在 20 世纪开始之前，电磁方法主要应用于材料分选和不连续性检测。从 1890—1920 年，人们致力于研究减少薄钡板中的涡流和磁滞损耗。1921—1935 年间，涡流探伤仪和涡流测厚仪先后问世。1935—1945 年，许多领域技术的快速发展促进了对无损检测的需求和先进检测方法的发展。雷达与声呐系统、电子仪器和用于消磁船只及磁触发水雷的磁传感器的发展也给无损检测的科学研究带来了新的活力。战争结束后，弗洛伊德·法尔斯（Freud Fars）将用于超声检测的超声探伤仪、福斯特（Foster）的先进的涡流仪及磁强计系统等应用于工业无损检测系统中。这些系统提供了新的功能，可用于缺陷的探测与定位、材料特性的测试和相对尺寸的无损测量等。20 世纪 50—60 年代，伴随着战争创伤的医治和工业生产的复苏，无损检测技术（包括电磁检测）进入到一个新的繁荣时期。其中，特别值得一提是由于德国福斯特博士的工作，卓有成效地推动了全世界涡流检测技术在工业部门中的实际应用和发展。20 世纪 80 年代以后，电子技术和计算机技术的发展进入了一个崭新的时期，大规模集成电路、各种新型电子器件、超级计算机和微型计算机的出现不仅提供了强大的计算工具，进一步促进了电磁检测理论研究的深入，而且为研制各种类型自动化检测系统和数字化、智能化检测仪器奠定了可靠的电子技术基础。

涡流检测的最早应用可以追溯到 1879 年。1842 年，加贝发现铜板对摆动着的磁铁有阻尼现象，用实验揭示了涡流的存在。1876 年，亚历山大・格雷厄姆・贝尔发明了实用电话。三年后，D. E. 休斯（D. E. Hounsou）用电话作为一种“弦音计”来检测两对感应线圈间的不平衡，并首次用涡流法对金属硬币进行了对比检测。休斯在物理学会做了相应的试验后报告说，如果我们在一对感应线圈中引入任何导体……在这些导体中建立的电流将对初级和次级线圈产生作用，所产生的额外电流与导体的质量和它本身的导电力成正比。若将两个 1 先令的硬币分别置于两个线圈中，两者“应完全平衡”。然而，如果硬币有最轻度的磨损，或者温度不同，我们可立即察觉到这种差异。休斯把他的装置称为快速和精确的硬币检测仪，能够“检测任何合金”。然后休斯用铜作为参考值 100，测量不同金属的电导率，得出一系列与现在的国际退火铜标准（IACS 导电百分比）近似的值。他也对铁磁性材料进行了检测，以区分软铁和硬钢。最后，他给出了表示合金成分的百分比变化时的效应（银-金-铜-锡和锡-铅）。由此，他创立了我们今天所用的涡流和磁感应检测、分析的基本原则。

但是，在 20 世纪开始之前，将电磁方法用于材料分选和不连续性检测的发现并没有得到更多的实际应用。究其原因，一是局限于当时工业的发展尚无这方面的迫切需要，二是未能设计和制造出实用的检测仪器或装置。例如，这一期间的众多发展成果（如交流电源系统、变压器和其他感应装置等）虽然提供了进行实际应用设计的基础，但电磁设备中所用磁心材料存在的过大损耗却给人们提出了新的研究课题。因而，1890—1925 年，人们的研究重点主要集中在减少薄钢板中的涡流和磁滞损耗方面。采用的方法有：在金属中加入硅或其他合金元素以减少其电导率，用更纯净的铁合金直接卷合以获得最大的磁导率和最小的磁滞损耗，使用更薄的板材或使用绝缘层隔离钢板以限制涡流通路等。这些成果虽然与电磁检测的应用没有直接的关系，但说明了电导率、磁导率、品粒分布、各向异性、机械应力、合金成分和杂质成分的不同等都会分别影响到铁磁性材料的电磁性能，也会改变通过磁化线圈测量到的电感和磁滞损耗。另外，用直流偏压调整电源控制饱和扼流圈和磁放大器来表现电感的方法也是减少磁导率和增加电感或感抗的一种方法。

值得一提的是，19 世纪 90 年代，查理・普鲁图斯・斯坦麦茨（Charlie Brutus Sieinmech）在美国通用电气公司的一段工作。当时，交流电源系统开始得到应用，但交流电源系统的正弦振荡电压和电流与早期爱迪生的直流电源系统分析方法相比，在电路特性分析上带来了新的复杂性（例如，麦克斯韦尔方程的详细求解需要用到向量微积分法）。斯坦麦茨发展了一种简便的分析方法，他用称为向量（即矢量）的旋转线段来表示正弦量，当线段围绕其一端（坐标原点）旋转时，将它们在纵坐标上的垂直投影作为时间的函数画出，即为正弦函数曲线。使用这些矢量，结合复数平面表示阻抗的技术，可把对稳态交变电流的求解转换为简单的代数和三角方法，而不是积分的方法。第二次世界战后，这种复数平面信号分析方法经过弗雷德理希・福斯特（Friedrich Foster）的清晰阐释而被用于涡流检测原理的分析之中。他把涡流检测线圈的复阻抗用以感抗为纵坐标、电阻为横坐标的二维平面阻抗图来表示。从而，涡流检测人员可以很直观地从涡流检测线圈的复阻抗平面图上进行各种因素对检测线圈阻抗影响的分析。

自1925年起，在美国有不少电磁感应和涡流检测仪获得专利权。其中，克拉茨(Karmz)直接用涡流技术来测量金属管管壁厚度；法罗（Farrow）首次设计成功用于钢管探伤的涡流探伤设备。这些仪器都比较简单，通常采用60 Hz、110 V的交流电路，使用常规的仪表（如电压计、安培计及瓦特计等）。大多数仪器是将圆棒或其他受检材料置于简单的比较线圈中，通过检测信号产生简单的幅值变化或使简单的电桥产生不平衡来判断检测结果。这些仪器不可能对受检对象的缺陷、性质或尺寸等进行定量分析，灵敏度较低、重复性较差，因而极少为工业部门所应用，大多数仪器存在的时间都不长。只有对圆棒、管材及钢坯等钢铁材料的电磁感应检测得到了一定的发展，其中最有代表性的是当时美国海军研究实验室罗斯·冈恩（Ross Gunn）设计的一种新型探头线圈磁化系统，该系统将两个小直径的拾取线圈对称地置于磁化线圈的径向上。这是用一个线圈进行磁化而用另一个不同尺寸的非同心位置的线圈拾取信号的最早应用实例。

1935—1945年，多种工业的快速发展促进了对无损检测的需求和先进检测方法、仪器的发展，其中也包括涡流检测仪器的进步。这一时期，基于真空和充气电子管的电子仪器的发展达到了一个高峰，涡流检测系统的信号发生器、放大器、显示和电源装置等部件的性能得到了很大的改进，问世了一大批各种形式的涡流探伤仪器和钢铁材料分选装置，较多地应用于航空及军工企业的检验部门。但是，由于在实施涡流检测时存在着多种干扰因素，而当时还没有从理论或实验研究中成功地解决涡流信号处理的问题，难以从仪器拾取的涡流信息中有效地抑制干扰，提取出有用信号，因而影响了涡流检测的灵敏度和可靠性，在一定程度上限制了涡流检测的应用范围。

真正在理论和实践上完善涡流检测技术的是德国的福斯特博士。第二次世界大战前，他在大学从事物理学的教育和在研究所开展钢及非铁磁性金属构件的电磁测量的技术工作。战后回到德国，开始了对电磁检测仪器的进一步研究。20世纪50年代，福斯特在基础实验和理论推导的基础上发表了一批有关涡流检测的论文，公开了他的研究成果，其中包括设计制作了绝对式、差分式和对比式检测系统和探头线圈；用这些线圈系统和水银模型（将小片绝缘体插入中间模拟不连续性）进行涡流检测的实验研究；用求解带一定边界条件的麦克斯韦方程的方法对这些线圈系统进行阻抗分析；等。福斯特系统、完整地建立起一套以阻抗分析法为基础的可用于各种类型涡流检测的精确的理论体系，他当之无愧地被称为现代涡流检测之父。福斯特在德国雷廷根创办了福斯特研究所，他的涡流检测技术与仪器设备卓有成效地推动了全世界涡流检测技术在工业部门中的实际应用和发展。

由于福斯特的卓越贡献，自20世纪50年代起，美国、苏联、法国、英国等工业发达国家的无损检测界引发了开展涡流检测研究的极大兴趣。以美国为例，不仅在美国无损检测学会《无损检测手册》第一版上全文刊登了福斯特有关电磁感应和涡流检测技术的理论及工艺成果，为学习涡流检测技术提供了完整的技术资料，而且，有一批技术人员前往德国雷廷根的福斯特研究所进行培训和学习交流；同时，邀请福斯特到美国进行交流、指导及合作。期间，首先与福斯特接触的磁通公司得到了许多福斯特技术的转让，双方合作了十年。磁通公司的研究人员在麦克路格(Michaelvgo)的领导下设计和制造了福斯特的各种仪器以及使用美国元件对福斯特的原型仪器进行改进。在美国其他的许多实验室里也有一批工作人员进行了涡流检测技术的研究，如胡戈·利比（Hugo Libby)、罗伯特·奥利弗（Robert Oliver)、罗伯特·麦克凯伦（Robent

McKellen）、卫尔·多德（Well Dodd）、特·施密特（Te Schmidt）及卫·洛德（V. Lord）等都有卓越的工作成绩。他们不仅验证了福斯特的理论和设备，而且受福斯特基本成果的启发，研发了采用新的半导体器件或集成电路的仪器，并在将单频涡流向多频涡流技术发展以及开发远场涡流检测等新的技术研究中作出了一定的贡献。20 世纪 70 年代以后，电子技术和计算机技术的飞速发展有效地带动了涡流检测仪器设备技术性能的改进，进一步突显了涡流检测在探测导电材料表面或近表面缺陷应用中的优越性。除了联邦德国、美国、苏联、法国、英国、加拿大、日本等多个工业发达国家都先后做了大量的涡流检测技术和仪器的开发性工作，发表了许多理论研究论文，也研制生产了不少高水平涡流检测设备，其中包括计算机控制的带自动平衡、检测与分选的自动化检测系统和各种不同类型的带阻抗平面显示的智能化检测仪器，进一步扩大了涡流检测在各工业部门的应用范围。

我国从 20 世纪 60 年代起开展涡流检测的研究工作，并先后研制成功了一系列检测系统。从初期的 YY-11 型管材探伤仪，到后来相继研制成功的 YY-17、YS-1、WTS-100、TC1000、TC-2000、ED-251、T-5、NE-30 和现在用途极为广泛的 EEC-96 型数字涡流检测设备。这些设备在我国的航空航天、冶金、机械、电力、化工、核能等领域中正发挥着越来越重要的作用。

2. 涡流检测的应用

（1）涡流检测的应用范围（表 4.1.1）。

由于涡流检测方法是以电磁感应为基础的无损检测方法，所以原则上说，所有与电磁感应涡流有关的影响因素，都可以作为涡流检测方法的检测对象。影响电磁感应因素及可能作为涡流检测的应用对象如下：

① 不连续性缺陷的检测：裂纹、夹杂物、材质不均匀等。

② 电导率测量：对导电材料组织结构、硬度、应力、热处理状态等的判断。

③ 提离效应测量：对导电基体金属材料上膜层厚度的测量及金属材料上腐蚀层的检测。

④ 厚度效应等测量：对金属薄板厚度的测量及试件几何尺寸、形状、大小等的测量。

表 4.1.1　涡流检测应用范围

检测目的	影响涡流特性的因素	用　途
探伤	缺陷的形状、尺寸和位置	导电的管、棒、线材及零部件的缺陷检测
材质分选	电导率和磁导率等	混料分选和非磁性材料电导率的测定
测厚	检测距离和薄板厚度	薄膜和薄板厚度的测量
尺寸检测	工件的尺寸和形状	工件尺寸和形状的控制
物理量测量	工件与检测线圈之间的距离	径向振幅、轴向位移及运动轨迹的测量

（2）涡流检测的应用领域。

① 航空航天、军工领域。

航空发动机叶片裂纹、螺栓及螺孔内裂纹、飞机多层结构、起落架、轮毂和铝蒙皮下等表面和亚表面缺陷。

② 电力、石化领域。

涡流技术用于电站（火电厂、核电站）、石油化工油田（输油管道、抽油杆、钻杆等）、炼油厂、化工厂等领域的有色及黑色金属管道（铜管、钛管、不锈钢管、锅炉四管等）在役和役前检测。

③ 冶金、机械领域。

涡流技术可用于各种金属管、棒、线、丝材的在线、离线探伤。能够有效抑制管道在线、离线检测时的某些干扰信号（如材质不均、晃动等），对金属管道内外壁缺陷检测都具有较高的灵敏度。

3. 涡流检测的特点

涡流检测是以电磁感应原理为基础的无损检测方法。它的基本原理可以描述为：当载有交变电流的试验线圈靠近导体试件时，线圈产生的交变磁场会在导体中感生出涡流。涡流的大小、相位及流动形式受到试件性能及有无缺陷的影响，而涡流的反作用磁场又使线圈的阻抗发生变化。因此，通过测定试验线圈阻抗的变化，就可以推断出被检试件性能的变化及有无缺陷的结论。

（1）涡流检测的优点如下：

a. 检测线圈不需要接触工件，也不需要耦合剂，对管、棒、线材的检测易于实现高速、高效率的自动化检测；也可在高温下进行检测，或对工件的狭窄区域及深孔壁等探头可达到的深远处进行检测。

b. 对于工件表面及近表面的缺陷有很高的检测灵敏度。

c. 采用不同的信号处理电路，抑制干扰，提取不同的涡流影响因素。涡流检测可用于电导率测量、膜层厚度测量及金属薄板厚度测量。

d. 由于检测信号是电信号，所以可对检测结果进行数字化处理，然后存储、再现及数据处理和比较。

（2）涡流检测的局限性如下：

a. 只适用于检测导电金属材料或能感生涡流的非金属材料。

b. 由于涡流渗透效应的影响，只适用于检查金属表面及近表面缺陷，不能检查金属材料深层的内部缺陷。

c. 涡流效应的影响因素多，目前对缺陷定性和定量还比较困难。

d. 针对不同工件采用不同检测线圈检查时各有不足。如检查管、棒材，采用穿过式线圈难以对圆周上的缺陷定位，而用旋转式探头线圈则检测区域狭小、速度较慢。

e. 铁磁性材料及制件常需完全直流磁化到饱和，以免在涡流检测期间磁化状态变化引起的检测结果不直观，难以判断缺陷的性质、大小及形状等现象。

小故事：百色工务段探伤工周某，在读书时就对电子电器特别感兴趣，现在参加工作后对天天和他一起工作的探伤仪也十分感兴趣。后来通过与学校老师合作一起编制仪器修理养护作业指导书。同学们，在工作中一定要善于发现，知行合一。

二、实训部分

涡流检测仪结构组成及操作界面

1. 实训目的

某超声检测公司最近在推广一种新设备——涡流检测仪。你作为一名无损检测员，要求尽快掌握这种涡流检测设备的操作界面和结构特点，并完成实训报告。

2. 实训设备及备品

CTS-608 涡流检测仪、涡流探伤、探头线、试块。

3. 实训方法及步骤

（1）使用仪器，对仪器进行组装、连接、开关机、充电的结构操作。仪器外观如图 4.1.1 所示。

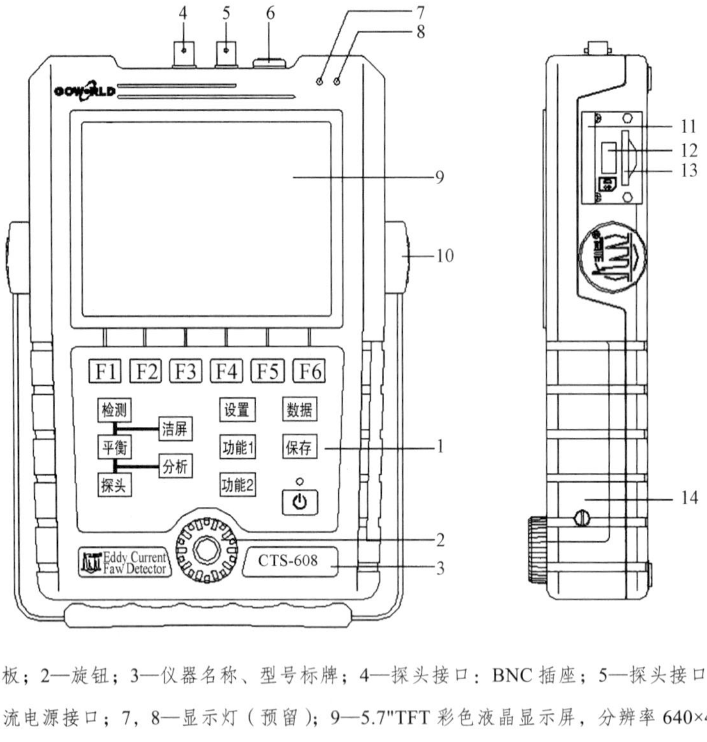

1—仪器按键面板；2—旋钮；3—仪器名称、型号标牌；4—探头接口：BNC 插座；5—探头接口：BNC 插座；6—直流电源接口；7，8—显示灯（预留）；9—5.7"TFT 彩色液晶显示屏，分辨率 640×480；10—提手；11—外部接口盖；12—U 盘插口；13—SD 卡插口；14—电池盖。

图 4.1.1 仪器外观

（2）使用仪器，对仪器的面板菜单、按键功能的设置操作。

面板按键说明如图 4.1.2 所示。

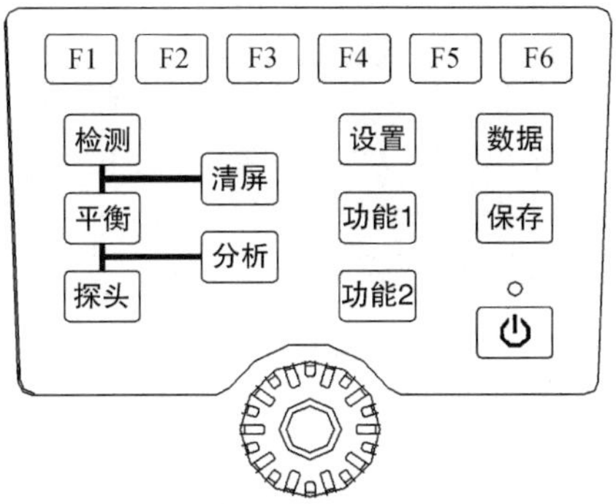

图 4.1.2　面板按键说明

F1 F2 F3 F4 F5 F6 菜单键，和屏幕里菜单对应，不同状态下有不同功能，用户可以通过按相应键来选择相应的功能；检测 检测按键，进行检测及暂停的切换；平衡 平衡按键，将信号拉回平衡点；探头 探头切换快捷按键；清屏 清除屏幕上阻抗平面显示区域的波形；分析 分析功能，该功能只在涡流检测菜单下，并且暂停的状态下才可进入该功能；设置 全屏幕参数设置按键；功能1 波形显示模式的切换，分线模式、消隐模式和点模式三种；功能2 拷屏键，将当前屏幕拷贝到 U 盘；数据 数据管理；保存 保存快捷按键；开关机按键及开机、电池充电指示灯；旋钮，左右旋转，可选择参数区域的参数项，在参数值调节状态下则可调节参数值，向下按确定，则可进入参数的调节或退出参数的调节。

（3）显示屏显示区域的划分（表 4.1.1）。

表 4.1.1　显示屏显示区域的划分

主菜单	参数选项	备　注
涡流检测	频率	频率范围为 50 Hz ~ 10 MHz，分四个挡，每个挡的步进值不同
	增益	增益范围 0 ~ 80 dB，步进值为 0.1 dB
	相位	相位 0° ~359° ，步进值为 1°
	清除记录	清除记录：Y/N；Y—清除记录内容；N—保留记录内容
	量程	显示本仪器测量显示深度的最大量程
	深度值 1	记录测量过程中的最大数值，数值颜色以红色显示，当超出最大量程时，深度值上面显示一横线
	深度值 2	记录测量过程中的实时数值，数值颜色以绿色显示，当超出最大量程时，深度值以红色显示并在数值上面显示一横线
分析	深度和相位	计算分析框内最大幅值的深度和相位
	T1/T2	T1，时间线 1；T2，时间线 2。选中时显示实线，未选中的则显示为虚线
调试	频率	该参数选项与涡流检测主菜单的频率选项数值保持一致，任一方修改，另外一方会同步更新
	驱动	范围分 1 ~ 8 挡
	匹配	范围分 1 ~ 4 挡
	探头	探头类型：桥式，D、P 两种

续表

主菜单	参数选项	备　注
参数	时基显示	时基显示分信号 X 分量波形显示和 Y 分量波形显示
	坐标	可选直坐标和关
	低通	低通滤波，滤除高频信号干扰。 范围：3 Hz ~ 2 000 Hz
	高通	高通滤波，滤除低频信号干扰。 范围：0.5 Hz ~ 1 950 Hz
	增益比	设置信号 Y 分量与 X 分量的放大倍数。若我们设置增益比为 1.0，表示 Y 分量和 X 分量信号的放大倍数相同；若为 2.0，说明 Y 分量放大的倍数是 X 分量的 2 倍。一般检测情况下，我们将增益比设置为 1.0。增益比的范围为 0.1 ~ 10.0。1.0 以下步进为 0.1；1.0 以上步进为 1.0
	时基因子	设置时基的扫描速度。值越大，扫描速度越快；反之，扫描速度越慢。范围为 1 ~ 50
	消隐因子	设置信号在屏幕上保留的时间。数值越小，消隐得越快。范围 1 ~ 100
报警	报警 1	报警框 1：开、关
	深度 1	报警框 1 报警深度，范围为 1 mm ~ 10 mm
	报警 2	报警框 2：开、关
	深度 2	报警框 2 报警深度，范围为 1 mm ~ 10 mm
数据	存储	存储图形记录或参数
	回放	回放图形记录文件
	调用	调用参数文件
	U 盘	将存储在仪器中的图形记录文件或参数文件转存到 U 盘中
系统	日期	设定系统日期
	时间	设定系统时间
	颜色配置	可根据需要选择不同颜色配置
	初始化	初始化当前探头参数设置
	版本	显示仪器软件版本
	FPGA	显示 FPGA 版本

【二维码视频】

涡流探伤设备硬件认识

涡流探伤设备软件认识

认识涡流探伤仪实训报告

1. 基本信息

日期：　　　　年　　月　　日　　　　　　　天气：

班级：　　　　　　　　　　　　　　　　　　姓名：

组别：　　　　　　　　　　　　　　　　　　实训地点：

2. 实训的意义

3. 实训设备及备品

4. 实训内容

（1）请填写图 4.1.3 所示 CTS-608 型涡流检测仪各部件名称。

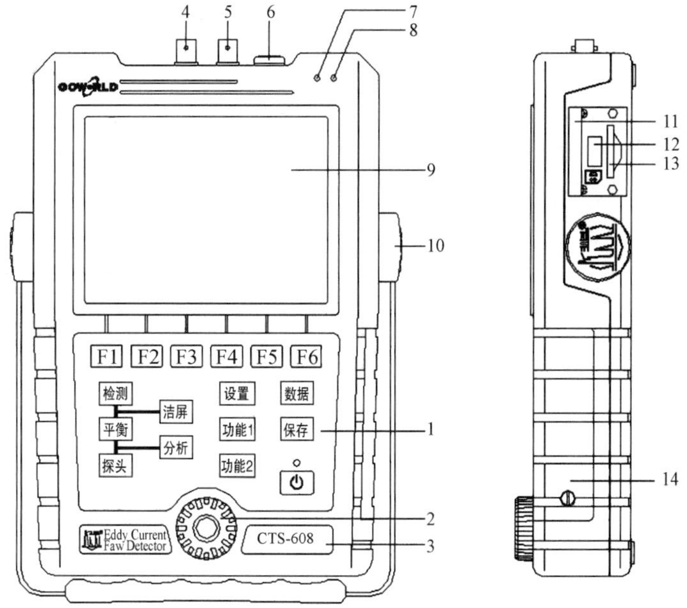

1—　　　　　；2—　　　　　；3—　　　　　；4—　　　　　；5—　　　　　；

6—　　　　　；7—　　　　　；8—　　　　　；9—　　　　　；10—　　　　　；

11—　　　　　；12—　　　　　；13—　　　　　；14—　　　　　。

图 4.1.3　CTS-608 型涡流检测仪

（2）请填写图 4.1.4 所示涡流检测仪界面各部位名称。

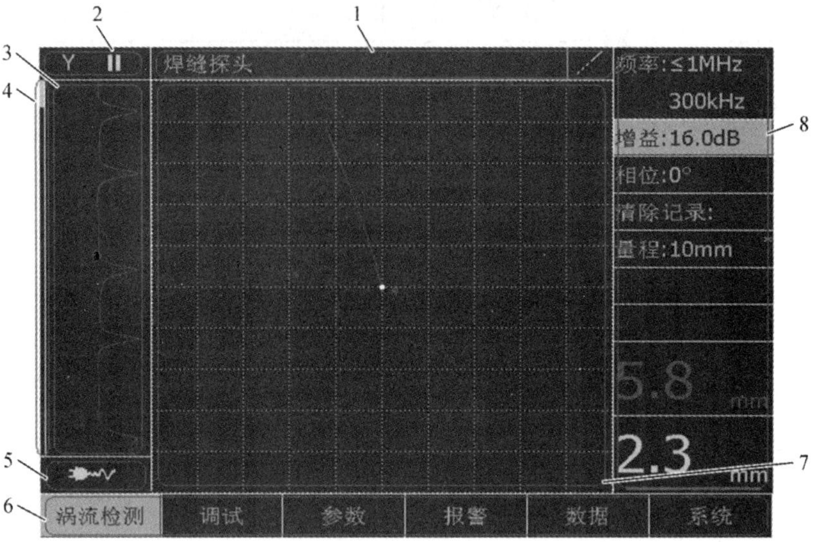

1 — ；2 — ；3 — ；4 — ；
5 — ；6 — ；7 — ；8 — 。

图 4.1.4　涡流检测仪界面

5. 考核评价

任务二　涡流检测设备的调试与作业

涡流检测设备的调试与作业任务单	
任务描述	某检测公司最近在推广一种新设备——涡流检测设备，你作为一名无损检测员，在掌握了其工作原理和结构特点之后，要能够正确设置仪器参数，并完成实训报告
任务知识点与技能点	知识点：掌握涡流探伤仪器系统设置和参数设定。 技能点：会进行涡流探伤仪器系统设置，能熟练设定仪器参数
任务实施	1. 在实训基地，对涡流探伤仪器进行系统设置，设定仪器参数，并完成实训报告
评分标准	1. 团队合作等职业素养 30 分； 2. 知识掌握情况 20 分； 3. 仪器参数的设置情况 40 分； 4. 实训报告 10 分
本任务职业素养要求	1. 团结协作精神； 2. 严谨细致、精益求精的职业素养； 3. 专注于技术、技能的工匠精神

一、理论部分

涡流是当金属导体处在变化着的磁场中或在磁场中运动时，由于电磁感应作用而在金属导体内产生的旋涡状流动电流。

1. 涡流检测的物理知识

（1）电磁感应现象。

楞次定律：闭合回路中产生的感应电流有确定的方向，它所产生的磁通总是企图阻碍原来磁通的变化。

（2）电磁感应定律。

闭合回路（螺线管回路）中产生的感应电流，是由于这回路中有电动势存在。法拉第最先确定了这种电动势的大小和磁能量变化间的数量关系。

法拉第根据能量守恒定律推导得出：

$$\varepsilon=-\frac{\mathrm{d}\phi}{\mathrm{d}t}$$

式中：ε——感应电动势；

$\mathrm{d}\phi/\mathrm{d}t$——磁通随时间的变化量。

上式为单匝线圈的回路，对于 n 匝线圈的回路，其电电势为：

$$\varepsilon=-n\frac{\mathrm{d}\phi}{\mathrm{d}t}$$

在 MKS 单位制中，各物理量的单位如下：ε—V；n—匝；$\mathrm{d}\phi$—Wb；$\mathrm{d}t$—s。

（3）自感应现象。

在任意闭合回路中，当接有线圈和负载时，回路中的电流在空间中一点所产生的磁感应强度和电流强度成正比，因此，磁通量也和电流成正比。即

$$\psi = L_0 I$$

比例系数 L_0 叫作回路中的自感系数，它与回路的几何形状、大小、匝数及回路中的介质有关。自感系数的常用单位是亨利。回路中的自感电动势 ε_0 的关系式为：

$$\varepsilon_0=-L_0\frac{\Delta I}{\Delta t}$$

（4）互感应现象。

如果有两个螺线管线圈的闭合回路靠在一起，当第一个通上电流 I_1，在第二个回路中就会产生感生电流。如果第二回路的互感系数为 L_{21}（亨利），在第二回路中产生的感生电动势 ε_2，则有：

$$\varepsilon_2=-L_{21}\frac{\mathrm{d}I_1}{\mathrm{d}t}$$

2. 涡流检测的基本原理

（1）涡流的产生。

涡流探伤是将通有交流电的激励线圈靠近某一导电试件，由于电磁感应作用，进入试件的交变磁场可在试件中感生出方向与激励磁场相垂直的、呈旋涡状流动的电流（涡流）。此涡流产生的磁场会影响原磁场的变化，从而引起线圈阻抗的变化，通过对线圈阻抗变化的测量（观察仪器中阻抗图），就可得知试件中产生的涡流状况，从而获悉与试件有关的一些参量。当试件内有缺陷时，涡流因流动途径的变化，使涡流磁场也相应变化，经试验线圈检出异常磁场的变化量，可获得缺陷的信息。

由于涡流是交流电，具有趋肤效应，导电试件的表面较多，随着涡流向试件内部的深入，电流按指数函数减少，因此，涡流探伤主要适用于检测金属和石墨等导电材料的表面和近表面缺陷，通常能够确定缺陷的位置和相对尺寸，不适用于非导电材料的缺陷检测。如图 4.2.1 所示为涡流探伤的原理。

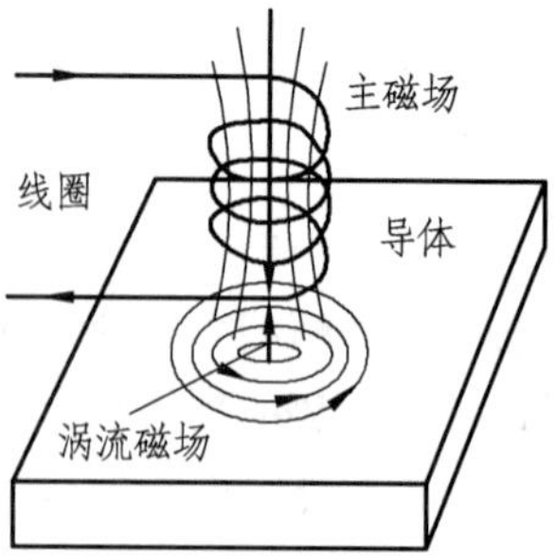

图 4.2.1　涡流探伤的原理

（2）涡流的基本性质。

① 在垂直于磁力线的平面内流动，呈旋涡状，通常涡流的流动路径平行于线圈的线阻，也平行于工作表面（决定于探头线圈的结构）。涡流仅局限于变化磁场存在的区域。

② 因为感应电动势与磁感应的磁通量的变化速度成正比，所以磁场变化越快，即交流电流的频率越高，所产生的涡流越大。

③ 交流电流的频率还决定了涡流在试件中流动的深度。我们把它叫穿透深度，随着频率的升高，穿透深度减小，涡流的分布均集中在试件的表面。(产生趋肤效应的原因是：工件中不同深度流动着的涡流都要产生一个与原磁场相反的磁场，这使得总的磁通量减少，并随着深度的增加涡流也大大削弱。换句话说，靠近表面的涡流可以看作为对线圈磁场的屏蔽，因而随着深度的增加减弱了磁场并减少了感生电流。)

④ 如果在无限大的平面导体内，涡流密度随着深度的增加呈指数级减小。

(3) 缺陷信号的接收。

缺陷所产生的信号取决于受缺陷影响的电流信号的幅度和相位。位于表面比较小的缺陷和内部比较大的缺陷可能在线圈阻抗幅度上产生同样的变化。但是因为信号随深度变化产生相位滞后，这将是线圈阻抗矢量不同的特征，这一效应能帮助确定缺陷的位置。

3. 涡流检测的设备的工作原理

涡流检测仪的各类仪器电路的组成有所不同，但工作原理基本是相同的。涡流检测仪的基本原理：信号发生器产生交变电流供给检测线圈，线圈产生交变磁场并在工件中感生涡流，涡流受到工件性能的影响并反过来使线圈阻抗发生变化，然后通过信号检出电路取出线圈阻抗的变化，其中包括信号放大、信号处理消除干扰，最后显示检测结果。

(1) 振荡器。

振荡器的作用是产生一个交变电流(通常是正弦电流)。频率一般在 1 kHz 至几兆赫兹，固定频率或连续可调。对于某些特殊应用，也可产生更低或更高的频率，甚至使用脉冲电流激励探头线圈。

(2) 电桥。

电桥的作用是利用电桥的平衡检测功能检测探头阻抗的微小变化(因为探头经过缺陷，有时阻抗的变化还小于 1%)，从而给放大器提供变化的信息信号。

(3) 放大器。

放大器用于放大微弱的输入信号，提高检测灵敏度。一个较好的涡流检测仪，放大器增益可达 80 分贝左右。

(4) 移相器。

将某一个给定的电压矢量旋转一个固定的相角的装置称为移相器，为了选择任意相角，移相器最好能进行 360°移相而且保持输出幅度不变。移相器的作用主要是提供参考相位。

(5) 相敏检波器。

相敏检测器的作用主要是选择控制信号的相位和干扰信号相差 90°进行检波，在输出信号中消除干扰信号而保留有用信号(因为干扰信号和有用信号之间存在相位差)。

(6) 滤波器。

滤波器的作用是选择合适的通过频率来滤掉干扰信号。如探头和工件之间间隙变化、工件因加工工艺(轧、热处理、校直等)而引起的材质变化都会产生一个低频调幅波，而缺陷一般产生的是时间短的高频调制波。

(7) 幅度鉴别器。

幅度鉴别器的作用是建立一个鉴别电平，这样，在此电平以下的噪声信号均可滤掉，提高信噪比，有利于缺陷信号的观察和分析，提高检测结果判断的准确性。

（8）显示器。

显示器的作用是将处理后的缺陷信号通过电表、显示屏等显示出来，给工作者提供判断缺陷的依据。

（9）记录装置。

记录装置的作用是将缺陷信号的显示存储或打印记录下来。

小故事：涡流检测设备主要是发现表面和近表面的伤损和缺陷，外观条件不好的工件对涡流探伤仪探测精度的影响很大。同学们，在进行探伤作业时，一定要严谨细致、精益求精。

二、实训部分

涡流检测仪的设备参数设置与演练

1. 实训目的

某检测公司最近在推广一种新设备——涡流检测仪，你作为一名无损检测员，在掌握了其工作原理和结构特点之后，要能够正确设置仪器参数。

2. 实训设备及备品

CTS-608 涡流检测仪、涡流探伤、探头线、试块。

3. 实训方法及步骤

（1）仪器开机：

按住【开机】键此时上方绿色指示灯亮，出现自检界面后，按【F1】~【F6】即可进入。

（2）仪器调试：

开机进入主菜单界面后，接上探头线，插上探头（如焊缝探头），按【探头】探头键选择对应探头类型（如焊缝探头），探头类型在信息区域显示。按 F2 进入调试界面，设置如图 4.2.2 所示，波形不应超出显示界面。如超出界面请检查探头是否插好，或者是否已经损坏。

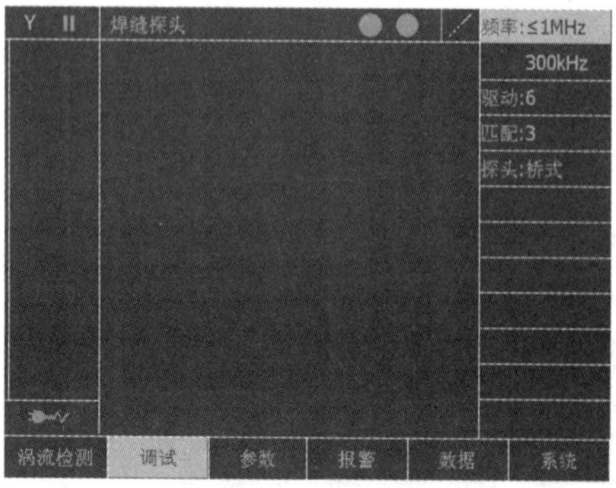

图 4.2.2　调试界面

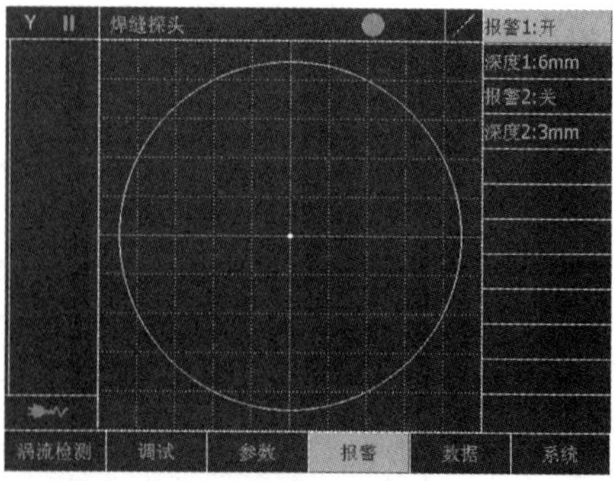

图 4.2.3　报警界面

（3）深度校准：

该部分是涡流检测的前提，也是关键一步。按 F4 报警菜单，进入报警界面（图 4.2.3），将报警 1 打开，深度 1 选择试块裂纹深度（深度与试块裂纹深度一致，如 6 mm）。选择接近检查对象深度的裂纹进行校准，可减少测量误差，即大裂纹采用裂纹深的校准，小裂纹采用裂纹浅的校准。

按 F1 涡流检测菜单，进入检测界面（如图 4.2.4），此时，涡流检测处于暂停状态。

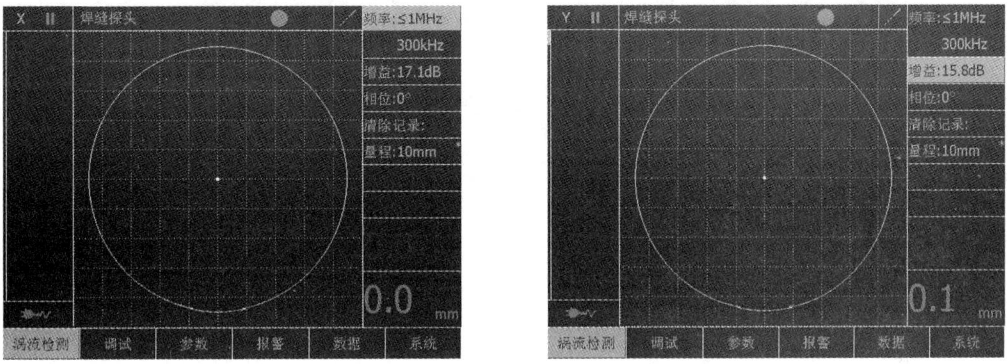

（a）无裂纹　　　　（b）有裂纹

图 4.2.4　涡流检测界面

按【检测】键，使仪器时基信息区域的状态标示切换为▶，此时仪器进入运行检测状态。（‖表示当前涡流检测处于暂停状态，▶表示当前涡流检测处于运行状态。）

按【功能】功能 1 切换为消影模式，检测信息区域指示图对应显示为 符号。

将探头放置于试块无缺陷的地方，反复按【平衡】键平衡探头。使涡流信号处于阻抗平面显示区域的正中心。移动探头检测试块上的裂纹（如 6 mm），观察此时深度最大值是否为 6 mm，如不为 6 mm，按【检测】键暂停检测。（建议检测到裂纹后 2 s 内按暂停。）使用万能旋钮选中增益回车进入后，调整增益，使裂纹信号在报警框（如 6 mm 报警框）上。按 F1 涡流检测键，返回检测运行状态，重新平衡探头，并重新检测裂纹（如 6 mm），观察是否为试块的裂纹深度（如 6 mm）。如不为试块的裂纹深度（如 6 mm），反复调整增益，使检测显示的深度数值尽量接近裂纹深度。此时完成深度校准。

【二维码视频】

涡流探伤前仪器调试

涡流探伤仪深度校准实训报告

1. 基本信息

日期：　　　年　　月　　日　　　　　　天气：

班级：　　　　　　　　　　　　　　　　姓名：

组别：　　　　　　　　　　　　　　　　实训地点：

2. 实训的意义

3. 实训设备及备品

4. 实训步骤

5. 实验数据

6. 考核评价

参考文献

[1] 魏坤霞，魏伟. 无损检测技术[M]. 北京：中国石化出版社，2023.

[2] 万升云. 磁粉检测技术及应用[M]. 北京：机械工业出版社，2022.

[3] 宋志哲. 磁粉检测[M]. 2 版. 北京：中国劳动社会保障出版社，2007.

[4] 齐泽民，李亚梅. 磁粉检测[M]. 北京：中国铁道出版社，2021.

[5] 马占生. 钢轨探伤[M]. 成都：西南交通大学出版社，2014.

[6] 任吉林. 涡流检测[M]. 北京：机械工业出版社，2017.

[7] 铸钢铸铁件　渗透检测：GB/T 9443—2019[S]. 北京：中国标准出版社，2019.

[8] 无损检测术语　渗透检测：GB/T 12604.3—2013[S]. 北京：中国标准出版社，2019.

[9] 无损检测　焊缝渗透检测：JB/T 6062—2007[S]. 北京：中国标准出版社，2008.

[10] 无损检测　渗透试块通用规范：JB/T 6064—2015[S]. 北京：中国标准出版社，2015.